中华人民共和国水利部

水利工程设计概（估）算
编 制 规 定
● 水土保持工程 ●

水利部水利建设经济定额站　主编

中国水利水电出版社
www.waterpub.com.cn
·北京·

图书在版编目（CIP）数据

水利工程设计概（估）算编制规定. 水土保持工程 /
水利部水利建设经济定额站主编. -- 北京 : 中国水利水
电出版社, 2025. 3（2025.4重印）. -- ISBN 978-7-5226-3318-3

Ⅰ. TV512

中国国家版本馆CIP数据核字第20254GQ635号

书　　名	**水利工程设计概（估）算编制规定　水土保持工程** SHUILI GONGCHENG SHEJI GAI（GU）SUAN BIANZHI GUIDING　SHUITU BAOCHI GONGCHENG
作　　者	水利部水利建设经济定额站　主编
出 版 发 行	中国水利水电出版社 （北京市海淀区玉渊潭南路 1 号 D 座　100038） 网址：www. waterpub. com. cn E - mail：sales@mwr. gov. cn 电话：（010）68545888（营销中心）
经　　售	北京科水图书销售有限公司 电话：（010）68545874、63202643 全国各地新华书店和相关出版物销售网点
排　　版	中国水利水电出版社微机排版中心
印　　刷	天津嘉恒印务有限公司
规　　格	140mm×203mm　32 开本　4.25 印张　107 千字
版　　次	2025 年 3 月第 1 版　2025 年 4 月第 2 次印刷
印　　数	10001—13000 册
定　　价	**50.00 元**

凡购买我社图书，如有缺页、倒页、脱页的，本社营销中心负责调换

水 利 部 文 件

水利部关于发布《水利工程设计概（估）算编制规定》及水利工程系列定额的通知

部直属各单位，各省、自治区、直辖市水利（水务）厅（局），各计划单列市水利（水务）局，新疆生产建设兵团水利局：

为进一步加强水利工程造价管理，完善定额体系，合理确定和有效控制工程投资，提高投资效益，支撑水利高质量发展，水利部水利建设经济定额站组织编制完成《水利工程设计概（估）算编制规定》及水利工程系列定额，已经我部审查批准，经商国家发展改革委，现予以发布，自2025年4月1日起执行。

本次发布的《水利工程设计概（估）算编制规定》包括工程部分概（估）算编制规定、环境保护工程概（估）算编制规定、水土保持工程概（估）算编制规定；

水利工程系列定额包括《水利建筑工程预算定额》《水利建筑工程概算定额》《水利设备安装工程预算定额》《水利设备安装工程概算定额》《水土保持工程概算定额》和《水利工程施工机械台时费定额》。

《中小型水利水电设备安装工程预算定额》《中小型水利水电设备安装工程概算定额》（水建〔1993〕63 号）、《水利水电设备安装工程预算定额》《水利水电设备安装工程概算定额》（水建管〔1999〕523 号）、《水利建筑工程预算定额》《水利建筑工程概算定额》《水利工程施工机械台时费定额》（水总〔2002〕116 号）、《开发建设项目水土保持工程概（估）算编制规定》《水土保持生态建设工程概（估）算编制规定》《水土保持工程概算定额》（水总〔2003〕67 号）、《水利工程概预算补充定额》（水总〔2005〕389 号）、《水利水电工程环境保护概估算编制规程》（SL 359—2006）、《水利工程概预算补充定额（掘进机施工隧洞工程）》（水总〔2007〕118 号）、《水利工程设计概（估）算编制规定（工程部分）》（水总〔2014〕429 号）、《水利工程营业税改征增值税计价依据调整办法》（办水总〔2016〕132 号）、《水利部办公厅关于调整水利工程计价依据增值税计算标准的通知》（办财务函〔2019〕448 号）、《水利部办公厅关于调整水利工程计价依据安全生产措施费计算标准的通知》（办水总函〔2023〕38 号）同时废止。

本次发布的概（估）算编制规定和系列定额由水利部水利建设经济定额站负责解释。在执行过程中如有问题请及时函告水利部水利建设经济定额站。

　　附件：1.《水利工程设计概（估）算编制规定》（工
　　　　　　程部分）
　　　　　2.《水利工程设计概（估）算编制规定》（环
　　　　　　境保护工程）
　　　　　3.《水利工程设计概（估）算编制规定》（水
　　　　　　土保持工程）
　　　　　4.《水利建筑工程预算定额》
　　　　　5.《水利建筑工程概算定额》
　　　　　6.《水利设备安装工程预算定额》
　　　　　7.《水利设备安装工程概算定额》
　　　　　8.《水土保持工程概算定额》
　　　　　9.《水利工程施工机械台时费定额》

中华人民共和国水利部

2024 年 12 月 9 日

水利部办公厅　　　　　　2024 年 12 月 11 日印发

第一篇　生产建设项目水土保持工程概（估）算编制规定

主编单位　水利部水利建设经济定额站

参编单位　中水北方勘测设计研究有限责任公司

技术顾问　朱党生　孙富行

主　　编　纪　强　孟繁斌

副主编　李明强

编　　写　纪　强　孟繁斌　李明强　鲍　彪
　　　　　董　强　闫俊平

第二篇　水土保持生态建设工程概（估）算编制规定

主编单位　水利部水利建设经济定额站

参编单位　中水北方勘测设计研究有限责任公司

技术顾问　朱党生　孙富行

主　　编　孟繁斌　纪　强

副主编　梅占敏

编　　写　孟繁斌　纪　强　梅占敏　鲍　彪
　　　　　闫俊平　董　强

目　　录

第一篇　生产建设项目水土保持工程
概（估）算编制规定

投资估算

第二篇　水土保持生态建设工程
概（估）算编制规定

设计概算

第一篇　生产建设项目水土保持工程概（估）算编制规定

总　　则

一、为贯彻《中华人民共和国水土保持法》等法律法规，加强生产建设项目水土保持工程投资管理，规范概（估）算编制规则和计算方法，提高概（估）算编制质量，根据生产建设项目水土保持工程特点和近年来的建设实际情况，在《水土保持工程概（估）算编制规定》（水总〔2003〕67号）、《水利工程营业税改征增值税计价依据调整办法（水土保持部分）》（办水总〔2016〕132号）等文件基础上，依据《建筑安装工程费用项目组成》（建标〔2013〕44号），修订形成本规定。

二、本规定适用于生产建设项目水土保持工程投资文件的编制。

（1）水利项目，应执行本规定和配套的水土保持工程概算定额。

（2）非水利项目，水土保持工程项目划分及投资组成应执行本规定，工程项目单价可采用与主体工程相配套的定额标准编制。

三、水土保持工程投资编制的概（估）算价格水平应与生产建设项目主体工程价格水平保持一致。

四、生产建设项目水土保持工程投资应纳入项目建设总投资。

五、本规定由水利部水利建设经济定额站负责管理和解释。

一 设计概算

第一章 概　述

第一节　投资编制范围

本规定所指投资编制范围，仅包括水土流失防治责任范围内的水土保持工程投资和按照有关规定依法缴纳的水土保持补偿费，不包括虽具有水土保持功能但以主体设计功能为主并由主体工程设计列项的工程费用。

生产建设项目水土保持工程投资是指为预防和治理该项目水土流失防治责任范围内的水土流失，并独立发挥水土保持功能所发生的各项费用。

主体工程中虽具有水土保持功能，但以主体设计功能为主并由主体工程设计列项的工程投资是指为主体工程任务兴建的、同时具有水土保持功能并发挥水土保持作用的工程费用。

第二节　概　算　组　成

水土保持工程概算由工程措施费、植物措施费、监测措施费、施工临时工程费、独立费用五部分及预备费、水土保持补偿费构成，具体划分如下：

$$
\text{水土保持工程概算}\begin{cases}
\text{工程措施费} \\
\text{植物措施费} \\
\text{监测措施费} \\
\text{施工临时工程费} \\
\text{独立费用} \\
\text{预备费} \\
\text{水土保持补偿费}
\end{cases}
$$

第三节 概算文件编制依据

（1）国家和行业主管部门以及省（自治区、直辖市）颁发的有关法律法规、规章、规范性文件、技术标准。

（2）生产建设项目水土保持工程概（估）算编制规定。

（3）水土保持工程概算定额和有关部门颁发的定额。

（4）生产建设项目水土保持工程设计文件及图纸。

（5）有关合同协议。

（6）其他有关资料。

第四节 概算文件组成内容

一、编制说明

1. 水土保持工程概况

水土保持工程概况包括：水土保持工程建设地点、工程布置形式，工程、植物、监测和临时措施工程量，主要材料用量，施工总工期等。

2. 水土保持工程投资及造价指标

水土保持工程投资及造价指标说明概算编制的价格水平和水土保持工程总投资，各部分投资及其占总投资的比例等。

3. 编制原则和依据

（1）概算编制原则和依据，包括所采用的规程、规范、规定、定额标准等文件名称及文号。

（2）人工预算单价，主要材料，施工用电、水、风，砂石料、苗木、草、种子等预算价格的计算依据，并列示人工预算单价，主要材料与苗木、草、种子除税预算价。

（3）主要设备价格的编制依据。

（4）水土保持工程概算定额、施工机械台时费定额和其他有关指标采用的依据。

（5）水土保持工程费用计算标准及依据。

4．概算编制方法

概算编制方法应说明各项费用的计算方法，包括概算的费用构成，主要材料与苗木、草、种子基价，其他直接费、间接费费率、利润及税金取值等。

5．水土保持工程概算编制中存在的其他应说明的问题

二、概算表及概算附表

1．概算表

（1）总概算表。

（2）工程措施概算表。

（3）植物措施概算表。

（4）监测措施概算表。

（5）施工临时工程概算表。

（6）独立费用概算表。

（7）水土保持补偿费计算表。

（8）分年度投资表。

2．概算附表

（1）工程单价汇总表。

（2）主要材料预算价格汇总表。

（3）施工机械台时费汇总表。

（4）主要工程量汇总表。

（5）主要材料用量汇总表。

三、概算附件

（1）人工预算单价表。

（2）主要材料运杂费用计算表。

（3）主要材料预算价格计算表。

（4）施工用电价格计算书。

（5）施工用水价格计算书。

（6）补充施工机械台时费计算书。

（7）砂石料单价计算书。

（8）混凝土材料单价计算表。

（9）工程单价表。

（10）独立费用计算书。

第二章 项目组成与划分

第一节 简 述

生产建设项目水土保持工程涉及面广、类型各异、内容复杂，为适应水土保持工程管理工作的需要，满足水土保持工程设计和建设过程中各项工作要求，必须确定统一的项目划分格式，供各方面共同遵循。

生产建设项目水土保持工程项目划分为工程措施、植物措施、监测措施、施工临时工程和独立费用共五部分，各部分按工程内容分设一、二、三级项目。在一级项目之前，可按水土流失防治分区列示防治区域。二、三级项目中，仅列示了代表性子目，编制概算时可根据工程情况和设计工作深度进行增减。

第二节 组 成 内 容

第一部分 工 程 措 施

工程措施指为减轻或避免因生产建设活动导致水土流失而兴建的永久性水土保持工程。包括表土保护工程、拦渣工程、边坡防护工程、防洪排导工程、降水蓄渗工程、土地整治工程、固沙工程、设备及安装工程等。

第二部分 植 物 措 施

植物措施指为防治水土流失而采取的植被恢复与建设、绿化及项目建设期间有关抚育工程等。

第三部分 监 测 措 施

监测措施包括水土保持监测和弃渣场稳定监测。

（1）水土保持监测包括项目建设期间为观测水土流失的发生、发展、危害及水土保持效益而开展的监测土建设施修筑、设备仪器（表）购置及安装，以及建设期的水土流失观测等工作。

（2）弃渣场稳定监测指对弃渣场布设监测设施设备，并开展建设期间弃渣场变形、滑移和渗流等情况的观测工作。

第四部分 施 工 临 时 工 程

施工临时工程包括临时防护工程、其他临时工程和施工安全生产专项。

（1）临时防护工程。指为防治施工期水土流失而采取的各项临时防护措施。

（2）其他临时工程。指为辅助水土保持工程施工所必须修建的临时仓库、生活用房，架设输电线路，施工道路等临时性工程。

（3）施工安全生产专项。指施工期为保证工程安全作业环境及安全施工采取的相关措施。包括完善、改造和维护安全防护设施设备支出，指施工现场临时用电系统、洞口或临边防护、高处作业或交叉作业防护、临时安全防护、支护及防治边坡滑坡、工程有害气体监测和通风、保障安全的机械设备、防火、防爆、防触电、防尘、防毒、防雷、防台风、防地质灾害等设施设备支出；应急救援技术装备、设施配置及维护保养支出，事故逃生和紧急避险设施设备的配置和应急救援队伍建设、应急预案制（修）订与应急演练支出；开展施工现场重大危险源检测、评估、监控支出，安全风险分级防控和事故隐患排查整改支出；工程项目安全生产信息化建设、运行维护和网络安全支出；安全生产检查、评估评价（不含新建、改建、扩建项目安全评价）、咨询和标准化建设支出；配备和更新现场作业人员安全防护用品支出；安全生产宣传、教育、培训和从业人员发现并报告事故隐患的奖励支出；安全生产适用的新技术、新标准、新工艺、新装备的推广应用支出；安全设施及特种设备检测检验、检定校准支出；安全生产责任保险支出；其他与安全生产直接相关的支出，以及按照水利安全生产要求完成安全生产目标管理（含伤亡控制指标、施工安全达标、文明施工目标等）需要的相关支出。

第五部分　独立费用

独立费用由建设管理费、工程建设监理费、科研勘测设计费三项组成。

第三节　项目划分表

生产建设项目水土保持工程有关工程措施、植物措施、监测措施、施工临时工程和独立费用具体项目划分见表1.2-1～表1.2-5。

第一部分　工程措施

表 1.2-1　　　　　　工程措施项目划分表

序号	一级项目	二级项目	三级项目	技术经济指标
一	×××防治区域			
（一）	表土保护工程*			
1		表土剥离	土方开挖	元/m³
2		表土回覆	土方回填	元/m³
		……		
（二）	拦渣工程			

序号	一级项目	二级项目	三级项目	技术经济指标
1		拦渣坝		
			土方开挖	元/m³
			石方开挖	元/m³
			土石方回填	元/m³
			砌石	元/m³
			混凝土	元/m³
			钢筋	元/t
			固结灌浆孔	元/m
			固结灌浆	元/m
			帷幕灌浆孔	元/m
			帷幕灌浆	元/m
			排水孔	元/m
2		挡渣墙		
			土方开挖	元/m³
			石方开挖	元/m³
			土石方回填	元/m³
			砌石	元/m³
			混凝土	元/m³
			钢筋	元/t
3		拦渣堤（堰）		
			土方开挖	元/m³
			石方开挖	元/m³
			土石方回填	元/m³
			砌石	元/m³
			混凝土	元/m³

序号	一级项目	二级项目	三级项目	技术经济指标
			钢筋	元/t
		……		
（三）	边坡防护工程			
1		挡墙工程		
			土方开挖	元/m³
			石方开挖	元/m³
			土石方回填	元/m³
			砌石	元/m³
			混凝土	元/m³
			钢筋	元/t
2		削坡开级		
			土方开挖	元/m³
			石方开挖	元/m³
3		工程护坡		
			土方开挖	元/m³
			石方开挖	元/m³
			土石方回填	元/m³
			砌石	元/m³
			砂浆抹面	元/m²
			混凝土	元/m³
			钢筋	元/t
			生态格网石笼	元/m³
			喷混凝土	元/m³
			锚杆	元/根
4		坡面固定		

序号	一级项目	二级项目	三级项目	技术经济指标
			土方开挖	元/m³
			石方开挖	元/m³
			喷混凝土	元/m³
			锚杆	元/根
5		滑坡防治工程		
			土方开挖	元/m³
			抗滑桩	元/m³
			喷混凝土	元/m³
			锚杆	元/根
		……		
(四)	防洪排导工程			
1		拦洪坝		
			土方开挖	元/m³
			石方开挖	元/m³
			混凝土	元/m³
			钢筋	元/t
			砌石	元/m³
			土方填筑	元/m³
			砂砾料填筑	元/m³
			固结灌浆孔	元/m
			固结灌浆	元/m
			帷幕灌浆孔	元/m
			帷幕灌浆	元/m
			排水孔	元/m
2		排洪渠		

序号	一级项目	二级项目	三级项目	技术经济指标
			土方开挖	元/m³
			石方开挖	元/m³
3		排洪涵洞		
			土方开挖	元/m³
			石方开挖	元/m³
			砌石	元/m³
			混凝土	元/m³
			钢筋	元/t
4		防洪堤		
			土方开挖	元/m³
			石方开挖	元/m³
			土石方回填	元/m³
			混凝土	元/m³
			钢筋	元/t
			砌石	元/m³
5		护岸护滩		
			土方开挖	元/m³
			石方开挖	元/m³
			土石方填筑	元/m³
			混凝土	元/m³
			钢筋	元/t
			抛石	元/m³
			砌石	元/m³
6		截（排）水工程		
			土方开挖	元/m³

序号	一级项目	二级项目	三级项目	技术经济指标
			石方开挖	元/m³
			土石方回填	元/m³
			砂砾料填筑	元/m³
			混凝土	元/m³
			钢筋	元/t
			砌石	元/m³
7		泥石流防治工程		
(1)		格栅坝（拦沙坝）		
			土方开挖	元/m³
			石方开挖	元/m³
			土石方回填	元/m³
			混凝土	元/m³
			钢筋	元/t
			砌石	元/m³
(2)		桩林		
			钢管桩	元/t
			型钢桩	元/t
			钢筋混凝土桩	元/m³
		……		
(五)	降水蓄渗工程			
1		截（汇）流沟		
			土方开挖	元/m³
			石方开挖	元/m³
			土石方回填	元/m³
			砌石	元/m³

序号	一级项目	二级项目	三级项目	技术经济指标
			混凝土	元/m³
2		沉沙池		
			土方开挖	元/m³
			石方开挖	元/m³
			砌石	元/m³
			砌砖	元/m³
3		蓄水池		
			土方开挖	元/m³
			石方开挖	元/m³
			土石方回填	元/m³
			砌石	元/m³
			砂浆抹面	元/m²
			混凝土	元/m³
			钢筋	元/t
		……		
(六)	土地整治工程			
1		土地平整		
			土方回填	元/m³
			整地	元/hm²
2		土地改良		
			施肥	元/kg
			土壤改良	元/m²
		……		
(七)	固沙工程			
1		压盖		

序号	一级项目	二级项目	三级项目	技术经济指标
			黏土压盖	元/m²
			泥墁压盖	元/m²
			卵石压盖	元/m²
			砾石压盖	元/m²
2		沙障		
			防沙土墙	元/m³
			黏土埂	元/m
			高立式柴草沙障	元/m
			低立式柴草沙障	元/m
			立杆串草把沙障	元/m
			立埋草把沙障	元/m
			立杆编织条沙障	元/m
			防沙栅栏	元/m
			平铺式编织袋沙障	元/hm²
			半生物沙障	元/hm²
			生物沙障	元/hm²
		……		
(八)	设备及安装工程			
1		排灌设备		元/台（套）
2		管道		元/m
3		安装费		
		……		

＊表土保护工程是为了保护、利用土壤资源，依据《中华人民共和国水土保持法》、《生产建设项目水土保持技术标准》（GB 50433）的规定列项。投资文件编制中应注意与主体工程无用层剥离区别对待，避免重复计列或漏项。

第二部分 植 物 措 施

表 1.2 - 2　　　　　　　　植物措施项目划分表

序号	一级项目	二级项目	三级项目	技术经济指标
一	×××防治区域			
（一）	植被恢复与建设工程			
1		种草（籽）		
			整地	元/hm^2
			直播种草	元/hm^2
2		植草		
			整地	元/hm^2
			草皮铺种	元/m^2
			喷播植草	元/m^2
3		种树（籽）		
			整地	元/hm^2
			种植	元/m^2
4		植树		
			整地	元/个
			栽植	元/株
		……		
（二）	绿化工程			
1		植草		
			整地	元/hm^2
			草皮铺种	元/m^2
			喷播植草	元/m^2

序号	一级项目	二级项目	三级项目	技术经济指标
2		植树		
			整地	元/个
			换土	元/m³
			树木支撑	元/株
			树干绑扎草绳	元/m
			铁丝网	元/m
			假植	元/株
			栽植树（苗）	元/株
3		绿篱	栽植绿篱	元/延米
4		生态护坡		
			三维植被网铺设	元/m²
			生态袋护坡	元/m²
			植被混凝土护坡	元/m²
			生态混凝土护坡	元/m²
5		生态护岸		
			栽植水生植物	元/株（丛）
			抗冲植生毯铺设	元/m²
			……	
（三）	抚育工程*			
1		幼林抚育		元/(hm²·年)
2		绿地除草		元/(hm²·年)
3		苗木管护		元/百株
		……		

  ＊指项目建设期间有关的抚育工程。

第三部分 监 测 措 施

表 1.2 - 3　　　　　　　　监测措施项目划分表

序号	一级项目	二级项目	三级项目	技术经济指标
一	水土保持监测			
(一)	土建设施			
1		观测场地		
			平整场地	元/m²
			刺铁围栏	元/m
2		观测设施		
			土方开挖	元/m³
			土方填筑	元/m³
			砌砖	元/m³
			砂浆抹面	元/m²
			砌石	元/m³
			混凝土	元/m³
			钢筋	元/t
3		附属设施		
			观测用房	元/m²
			道路	元/m
		……		
(二)	设备及安装			
1		监测设备、仪表		
2		安装费		
		……		
二	弃渣场稳定监测			
(一)	土建设施			
1		变形监测设施		
2		滑移监测设施		

序号	一级项目	二级项目	三级项目	技术经济指标
3		渗流监测设施		
		……		
(二)	设备及安装			
		监测设备、仪表		
		安装费		
		……		
三	建设期观测费			

第四部分 施 工 临 时 工 程

表 1.2－4　　　　　施工临时工程项目划分表

序号	一级项目	二级项目	三级项目	技术经济指标
一	临时防护工程			
(一)	×××防治区域			
1		临时拦挡工程		
			土石方填筑	元/m³
			砌石	元/m³
			袋装土拦挡	元/m³
2		苫盖防护		
			土工布	元/m²
			密目网	元/m²
			防尘网	元/m²
3		临时排水		
			土方开挖	元/m³
			石方开挖	元/m³
			土工膜防渗	元/m²

序号	一级项目	二级项目	三级项目	技术经济指标
			砂浆抹面	元/m²
4		临时沉沙池		
			土方开挖	元/m³
			石方开挖	元/m³
			土工膜防渗	元/m²
			砌砖	元/m³
			砂浆抹面	元/m²
		……		
二	其他临时工程			
三	施工安全生产专项			

第五部分 独 立 费 用

表 1.2 - 5　　　　　　　独立费用项目划分表

序号	一级项目	二级项目	三级项目	技术经济指标
一	建设管理费			
1		项目经常费		
2		技术咨询费		
二	工程建设监理费			
三	科研勘测设计费			
1		工程科学研究试验费		
2		工程勘测设计费		

第三章　费　用　构　成

第一节　概　　述

生产建设项目水土保持工程建设费用由建筑安装工程费、设备费、独立费用、预备费和水土保持补偿费组成。

一、建筑安装工程费

建筑安装工程费由直接费、间接费、利润、材料补差和税金组成。

1. 直接费

(1) 基本直接费。

(2) 其他直接费。

2. 间接费

(1) 规费。

(2) 企业管理费。

3. 利润

4. 材料补差

5. 税金

二、设备费

设备费由设备原价、运杂费、运输保险费、采购及保管费组成。

三、独立费用

独立费用由建设管理费、工程建设监理费、科研勘测设计费组成。

四、预备费

预备费由基本预备费和价差预备费组成。

五、水土保持补偿费

依据财政部、国家发展改革委、水利部、中国人民银行印发的《水土保持补偿费征收使用管理办法》（财综〔2014〕8号）规定计列。

第二节　建筑安装工程费

建筑安装工程费由直接费、间接费、利润、材料补差和税金组成。

一、直接费

直接费指建筑安装工程施工过程中消耗的用于形成工程实体的直接费用，以及为完成工程项目施工发生的措施费用和设施费用。由基本直接费和其他直接费组成。

（一）基本直接费

1. 人工费

人工费指直接从事工程施工的生产工人开支的各项费用，包括：

（1）基本工资。由岗位工资和年应工作天数内非作业天数的工资构成。

1）岗位工资。指按照职工所在岗位确定的计时工资。

2）生产工人年应工作天数内非作业天数的工资。包括生产工人开会学习、培训期间的工资，调动工作、探亲、休假期间的工资，因气候影响的停工工资，女工哺乳期间的工资，病假在六个月以内的工资以及产、婚、丧假期的工资。

（2）辅助工资。指在基本工资之外，以其他形式支付给生产工人的工资性收入，包括根据国家有关规定属于工资性质的各种津贴，主要包括艰苦边远地区津贴、施工津贴、夜餐津贴、节假日加班津贴等。

2. 材料费

材料费指用于建筑安装工程的消耗性材料、装置性材料和周转性材料摊销费。包括定额工作内容规定应计入的未计价材料费和计价材料费。

材料预算价格包括材料原价、运杂费、运输保险费和采购及保管费四项。

（1）材料原价。指材料指定交货地点的价格。

（2）运杂费。指材料从指定交货地点至工地分仓库或相当于工地分仓库（材料堆放场）所发生的全部费用。包括运输费、装卸费及其他杂费。

（3）运输保险费。指材料在运输途中的保险费用。

（4）采购及保管费。指材料在采购、供应和保管过程中所发生的各项费用。主要包括材料的采购、供应和保管部门工作人员的基本工资、辅助工资、养老保险费、失业保险费、医疗保险费（含生育保险费）、工伤保险费、住房公积金、职工福利费、工会经费、职工教育经费、劳动保护费、办公费、差旅交通费及工具用具使用费；仓库、转运站等设施的检修费、固定资产折旧费；材料在运输、保管过程中发生的损耗等。

3. 施工机械使用费

施工机械使用费指消耗在建筑安装工程的机械磨损、维修和动力燃料费用等。包括折旧费、修理及替换设备费、安装拆卸费、机上人工费和动力燃料费等。

（1）折旧费。指机械在规定使用年限内回收原值的台时折旧摊销费用。

（2）修理及替换设备费。修理费指施工机械使用过程中，为了使机械保持正常功能而进行修理所需的摊销费用及日常保养所需的润滑油料、擦拭用品的费用，以及保管机械所需的费用。替换设备费指施工机械正常运转时所耗用的替换设备及随机使用的工具附具等摊销费用。

（3）安装拆卸费。指施工机械进出工地的安装、拆卸、试运转和场内转移及辅助设施的摊销费用。

（4）机上人工费。指施工机械机上操作人员费用。

（5）动力燃料费。指施工机械正常运转时所耗用的风、水、电、油和煤等费用。

（二）其他直接费

其他直接费包括冬雨季施工增加费、夜间施工增加费、临时设施费和其他。

1. 冬雨季施工增加费

冬雨季施工增加费指在冬雨季施工期间为保证工程质量所需增加的费用。包括增加施工工序，增设防雨、保温、排水等设施增耗的动力、燃料、材料以及因人工、机械效率降低而增加的费用。

2. 夜间施工增加费

夜间施工增加费指施工场地和公用施工道路的照明费用。

3. 临时设施费

临时设施费指施工企业为进行建筑安装工程施工所必需的但又未被列入施工临时工程的小型临时设施的建设、维修、拆除、摊销等费用。

4. 其他

其他指施工工具用具使用费、工程项目及设备仪表移交生产前的维护费、工程质量检测费、工程定位复测及施工控制网测设费、工程点交费、竣工场地清理费等。

二、间接费

间接费指施工企业为完成建筑安装工程施工而组织施工生产和进行经营管理所发生的各项费用。间接费由规费和企业管理费组成。

（一）规费

规费指政府和有关部门规定必须缴纳的费用。包括：

（1）社会保险费。指企业按照规定标准为职工缴纳的养老保险费、失业保险费、医疗保险费（含生育保险费）、工伤保险费。

（2）住房公积金。指企业按照规定标准为职工缴纳的住房公积金。

（二）企业管理费

企业管理费指施工企业为组织施工生产经营活动所发生的费用。包括管理人员工资、差旅交通费、办公费、固定资产使用费、工具用具使用费、职工福利费、工会经费、职工教育经费、劳动保护费、保险费、财务费用、税金，以及其他管理性的费用。

（1）管理人员工资。指企业管理人员的基本工资、辅助工资。

（2）差旅交通费。指企业管理人员因公出差、工作调动的差旅费，误餐补助费，职工探亲路费，劳动力招募费，职工离退休、退职一次性路费，工伤人员就医路费，工地转移费，交通工具运行费及牌照费等。

（3）办公费。指企业办公用文具、印刷、邮电、书报、会议、水电、燃煤（气）等费用。

（4）固定资产使用费。指企业属于固定资产的房屋、设备、仪器等折旧、大修理、维修费或租赁费等。

(5) 工具用具使用费。指企业管理使用的，不属于固定资产的工具、用具、家具、交通工具和检验、试验、测绘、消防用具等的购置、维修和摊销修费。

(6) 职工福利费。指企业按照国家规定支出的职工福利费，以及由企业支付离退休职工的易地安家补助费、职工退职金、六个月以上的病假人员工资、按规定支付给离休干部的各项经费、职工发生工伤时企业依法在工伤保险基金之外支付的费用，其他在社会保险基金之外依法由企业支付给职工的费用。

(7) 工会经费。指企业按职工工资总额计提的工会经费。

(8) 职工教育经费。指企业为职工学习先进技术和提高文化水平按职工工资总额计提的费用。

(9) 劳动保护费。指企业按照国家有关部门规定标准发放的一般劳动保护用品的购置及修理费、保健费、防暑降温费、高空作业及进洞津贴，洗澡用水、饮用水的燃料费等。

(10) 保险费。指施工企业投保的财产保险费、车辆保险费、工程质量保险费等。与安全生产相关的保险费用计入安全生产责任保险费。

(11) 财务费用。指企业为筹集资金而发生短期融资利息净支出、汇兑净损失、金融机构手续费，投标和承包工程发生的保函手续费、担保费用等。

(12) 税金。指企业按规定交纳的房产税、管理用车辆使用税、印花税、消费税、城市维护建设税、教育费附加和地方教育附加等。

(13) 其他包括技术转让费、企业定额测定费、施工企业进退场费、施工企业承担的施工辅助工程设计费、投标费、工程图纸资料费及工程摄影费、科研与技术开发费、业务招待费、绿化费、广告费、公证费、法律顾问费、审计费、咨询费、企业办公信息化建设费等。

三、利润

利润指按规定应计入建筑安装工程费的利润。

四、材料补差

材料补差指根据相关主要材料的材料预算价格与材料基价的价格差值、材料消耗量，计算的相关材料费用的补差金额。

材料基价指计入基本直接费的相关材料的限制价格。

五、税金

税金指按规定应计入建筑安装工程费的增值税销项税额。

第三节　设　备　费

设备费包括设备原价、运杂费、运输保险费和采购及保管费。

一、设备原价

（1）国产设备。其原价指出厂价。

（2）进口设备。以到岸价和进口征收的税金、手续费、商检费及港口费等各项费用之和为原价。

二、运杂费

运杂费指设备由厂家运至工地现场所发生的运杂费用，包括运输费、装卸费、包装绑扎费及可能发生的其他杂费。

三、运输保险费

运输保险费指设备在运输过程中的保险费用。

四、采购及保管费

采购及保管费指设备在采购、保管过程中发生的各项费用。主要包括：

（1）采购保管部门工作人员的基本工资、辅助工资、养老保险费、失业保险费、医疗保险费（含生育保险费）、工伤保险费、住房公积金、职工福利费、工会经费、职工教育经费、劳动保护费、办公费、差旅交通费、工具用具使用费等。

（2）仓库、转运站等设施的运行费、维修费、固定资产折旧费和设备的检验、试验费等。

第四节　独　立　费　用

独立费用包括建设管理费、工程建设监理费、科研勘测设计费三项费用。

一、建设管理费

建设管理费指建设单位从工程项目筹建到竣工期间进行水土保持建设管理工作所发生的各项费用。包括项目经常费和技术咨询费。

（1）项目经常费。指建设单位在水土保持工程筹建、建设、竣工验收、总结等工作中发生的管理费用，包括：

1）建设管理人员费。指水土保持建设管理人员的基本工资、辅助工资、规费、职工福利费、工会经费、职工教育经费、劳动保护费等。

2）工程建设过程中用于水土保持管理、视察水土保持工程建设所发生的会议和差旅等费用。

3）水土保持建设管理人员的办公费、差旅交通费、会议费、交通车辆使用费、技术图书资料费、固定资产折旧费、工具用具使用费、修理费、水电费、采暖费等。

4）水土保持宣传费、水土保持竣工验收费。

5）招标业务费、印花税、审计费等其他费用。

（2）技术咨询费。主要是指委托第三方开展的水土保持有关勘测设计成果咨询、评审，弃渣场稳定安全评估等费用。

二、工程建设监理费

工程建设监理费指在项目建设过程中委托监理单位，依据有关法律法规、批复的水土保持方案、水土保持设计文件，针对生产建设项目水土流失防治工作而开展的全过程管理，以及对水土保持工程施工而开展的质量控制、进度控制、资金控制和施工安全与文明施工管理、合同管理、信息管理及组织协调等专业化技术服务活动所发生的全部费用。

三、科研勘测设计费

科研勘测设计费指生产建设项目水土保持工程中所发生的科研、勘测设计及水土保持方案编制等费用。

1. 工程科学研究试验费

工程科学研究试验费指为保障水土保持工程质量，解决工程建设技术问题，而进行必要的科学研究试验所需的费用。

2. 工程勘测设计费

工程勘测设计费指工程从项目建议书（或可行性研究）阶段开始至以后各设计阶段发生的勘测费、设计费，以及水土保持方案编制费用。

第五节　预　备　费

预备费包括基本预备费和价差预备费。

一、基本预备费

基本预备费主要为解决在工程建设中，由于政策调整、设计变更和有关技术标准调整而增加的投资，以及工程遭受一般自然灾害所造成的损失和为预防自然灾害所采取的措施费用。

二、价差预备费

价差预备费主要为解决在工程建设过程中，由于人工工资、材料和设备价格上涨以及费用标准调整而增加的投资。

第六节　水土保持补偿费

水土保持补偿费是对损坏水土保持设施和地貌植被、不能恢复原有水土保持功能的生产建设单位征收并专项用于水土流失预防治理的资金。

第四章 编制方法及计算标准

第一节 基础单价编制

一、人工预算单价

人工预算单价按表 1.4 - 1 标准计算。

表 1.4 - 1 　　　　　**人工预算单价计算标准** 　　　　　单位：元/工时

地区类别	一般地区	边远地区						
		一类区	二类区	三类区	四类区	五类区 西藏二类区	六类区 西藏三类区	西藏四类区
人工单价	6.38	6.57	6.75	7.00	7.50	8.31	9.24	9.67

注 1. 艰苦边远地区类别划分执行人事部、财政部《关于印发〈完善艰苦边远地区津贴制度实施方案〉的通知》（国人部发〔2006〕61 号）及各省（自治区、直辖市）关于艰苦边远地区津贴制度实施意见。一至六类地区的类别划分参见附录 1，执行时应根据最新文件进行调整。一般地区指附录 1 之外的地区。

　　2. 西藏地区类别执行西藏特殊津贴制度相关文件规定，其二至四类区划分的具体内容见附录 2。

　　3. 工程项目跨不同地区类别，可按主要水土保持设施所在地确定，也可按工程规模或投资比例经综合分析确定。

　　4. 定额人工单价实行动态管理，具体调整办法以行业归口管理的定额站颁发的文件为依据。

二、材料预算价格

（一）主要材料预算价格

对于用量多、影响投资大的主要材料，如水泥、钢筋、柴油、外购砂石料及块石等，一般需编制材料预算价格，也可参考执行主体工程材料预算价格。

主要材料预算价格为不含增值税价格，由材料原价、运输保险费、运杂费、采购及保管费等组成。

计算公式为：材料预算价格＝〔材料原价（除税价）＋运杂费（除税价）〕×（1＋采购及保管费费率）＋运输保险费

1．材料原价

根据材料类别，分别按工程所在地区大型物资供应公司或材料交易中心的市场成交价、选定的生产厂家的出厂价、价格主管部门定价、价格信息发布价格计算。

2．运杂费

铁路运输按铁路行业现行《铁路货物运价规则》及有关规定计算其运杂费。公路及水路运输，按工程所在省（自治区、直辖市）交通部门规定标准或市场调查标准计算。

3．采购及保管费

按材料运到工地仓库不含增值税价格（不包括运输保险费）的 2.3％计算。

一般情况下，水土保持工程主要材料预算价格可直接采用主体工程造价文件中选定的同类材料预算价格。

（二）苗木、草、种子预算价格

苗木、草、种子的预算价格以苗圃或工程所在地市场价格加上运杂费和采购及保管费计算，价格不含增值税进项税额。

苗木、草、种子的采购及保管费费率，按运到工地不含增值税价格的 0.55％～1.1％计算。

（三）其他材料预算价格

其他材料预算价格可采用工程所在地信息价或市场调查价格，价格不含增值税进项税额。

（四）材料基价

当计算的材料除税预算价格超过规定的限制价格（材料基

价）时，应按基价计入工程单价参加取费，超过部分以材料补差形式计算，列入单价表并计取税金。主要材料基价见表 1.4-2。

表 1.4-2   主 要 材 料 基 价 表

序号	材料名称	单位	材料基价（元）
1	砂石料	m^3	70
2	块石	m^3	70
3	料石	m^3	70
4	水泥	t	260
5	钢筋	t	2580
6	柴油	t	3020
7	乔木	株	15
8	灌木	株	5
9	草皮	m^2	10
10	种子	kg	60
11	水生植物	株（丛、m^2）	2
12	植被混凝土绿化基材	m^3	400

三、电、水、风预算价格

（一）施工用电价格

施工用电价格由基本电价、电能损耗摊销费和供电设施维修摊销费组成，按国家或工程所在省（自治区、直辖市）规定的不含增值税电网电价，以及有关规定进行计算，也可按照生产建设项目主体工程施工用电价格计算。

1. 电网供电

供电价格＝基本电价（除税电价）×1.06

2. 柴油发电机供电

供电价格＝［柴油发电机组（台）时总费用÷柴油发电机额定容量之和］×1.4

（二）施工用水价格

施工用水价格由基本水价、供水损耗和供水设施维修摊销费组成，根据施工组织设计所配置的供水系统设备组（台）时，按照不含增值税总费用和总有效供水量计算，也可按照生产建设项目主体工程施工用水价格计算。

施工用水价格＝［水泵组（台）时总费用÷水泵额定容量之和］×1.45

（三）施工用风价格

施工用风价格按 0.18 元/m³ 计算。

四、施工机械使用费

施工机械使用费应依据《水利工程施工机械台时费定额》及有关规定计算。机械台时二类费用人工单价执行本编制规定工资标准。

对于定额缺项的施工机械，可参考有关行业的施工机械台时费定额。

五、砂石料单价

一般情况下，水土保持工程砂石料单价与主体工程造价文件确定的砂石料单价保持一致，并执行前述材料基价规定。外购砂石料按本节前述规定执行。

六、混凝土材料单价

根据设计确定的不同工程部位的混凝土标号、级配和龄期，分别计算出每立方米混凝土不含增值税的材料价格（包括水泥、掺和料、砂石料、外加剂和水），计入相应的混凝土工程单价内。

混凝土配合比的各项材料用量，应根据工程试验提供的资料计算；无试验资料时，可参照《水土保持工程概算定额》附录中的混凝土材料配合比表计算。

定额中采用混凝土管等成品构件时，基价按市场价 20％计取。

第二节　建筑安装工程单价编制

一、建筑工程单价

1. 直接费

（1）基本直接费。

人工费＝定额劳动量（工时）×人工预算单价（元/工时）

材料费＝定额材料用量×材料预算单价

机械使用费＝定额机械使用量（台时）×施工机械台时费（元/台时）

（2）其他直接费。

其他直接费＝基本直接费×其他直接费费率

2. 间接费

间接费＝直接费×间接费费率

3. 利润

利润＝（直接费＋间接费）×利润率

4. 材料补差

材料补差＝（材料预算价格－材料基价）×材料消耗量

5. 税金

税金＝（直接费＋间接费＋利润＋材料补差）×税率

6. 建筑工程单价

建筑工程单价＝直接费＋间接费＋利润＋材料补差＋税金

二、安装工程单价

安装工程单价包括直接费、间接费、利润、税金。

（1）排灌设备安装费按排灌设备费的6％计算。

（2）监测设备安装费按监测设备费的5％计算。

三、取费标准

（一）其他直接费

1. 冬雨季施工增加费

计算方法：根据不同地区，按基本直接费的百分率计算。

（1）西南区、中南区、华东区0.5％～0.8％。

（2）华北区0.8％～1.5％。

（3）西北区、东北区1.5％～2.5％。

（4）西藏自治区2.0％～4.0％。

西南区、中南区、华东区中，按规定不计冬季施工增加费的地区取小值，计算冬季施工增加费的地区可取大值；华北区中的内蒙古等较严寒地区可取大值，其他地区取中值或小值；西北区、东北区中的陕西、甘肃等取小值，其他地区可取中值或大值。

注：工程措施（固沙及土地整治工程）、植物措施取下限。

2. 夜间施工增加费

该费按基本直接费的0.3％计算。

注：工程措施（固沙及土地整治工程）、植物措施不计此项费用。

3. 临时设施费

该费按基本直接费的百分率计算。

工程措施（除固沙及土地整治工程）、监测措施：按基本直接费的2.0％计算。

工程措施（固沙及土地整治工程）、植物措施：按基本直接费的1.0％计算。

4. 其他

其他按基本直接费的0.5％计算。

（二）间接费

间接费费率按表 1.4 - 3 计算。

表 1.4 - 3　　　　　　　间接费费率表

序号	工程类别	计算基础	间接费费率（%）
一	工程措施、监测措施		
1	土方工程	直接费	5
2	石方工程	直接费	8
3	混凝土工程	直接费	7
4	钢筋制安工程	直接费	5
5	基础处理工程	直接费	10
6	其他工程	直接费	7
二	植物措施	直接费	6

（三）利润

利润按直接费和间接费之和的 7% 计算。

（四）税金

税金按直接费、间接费、利润、材料补差之和的 9% 计算。

现行建筑、安装工程增值税税率为 9%，税率变化时，应根据国家财政税务主管部门发布的文件适时调整。

第三节　各部分投资编制

第一部分　工　程　措　施

（1）按设计工程量或设备清单乘以工程（设备）单价进行编制。

（2）安装费按设备费的百分率计算。

（3）一级项目和二级项目按本规定执行，三级项目可根据水土保持初步设计阶段工作深度要求和工程实际情况进行调整。

第二部分 植物措施

按设计工程量乘以工程单价进行编制。

第三部分 监测措施

1. 水土保持监测

（1）土建设施及设备按设计工程量或设备清单乘以工程（设备）单价进行编制。

（2）安装费按设备费的百分率计算。

2. 弃渣场稳定监测

根据弃渣场稳定监测需要，按照弃渣场稳定监测方案有关监测内容、设施设备等进行编制。

3. 建设期观测费

建设期观测费包括系统运行材料费、维护检修费和常规观测费，可在具体监测范围、监测内容、监测方法及监测时段的基础上分项计算，或按主体工程土建投资合计为基数，按表 1.4 - 4 所列标准计列。

表 1.4 - 4　　　　建 设 期 观 测 费 标 准

主体工程土建投资（亿元）	0.1	0.5	1	2	3	4	5	6	7	8	9	10
建设期观测费（万元）	14	20	30	35	42	48	55	63	68	73	79	85
主体工程土建投资（亿元）	11	12	13	14	15	16	17	18	19	20	25	30
建设期观测费（万元）	90	98	106	113	119	126	133	140	147	153	185	210
主体工程土建投资（亿元）	40	50	65	80	100							
建设期观测费（万元）	260	300	357	400	450							

注　1. 监测期大于 4 年的项目，建设期观测费在表列标准基础上乘 1.1 的系数；监测期大于 8 年的项目，建设期观测费在表列标准基础上乘 1.2 的系数。

　　2. 主体工程土建投资介于两数之间的，建设期观测费按照内插法计列。

　　3. 主体工程土建投资超出 100 亿元的，建设期观测费按 0.045% 计列。

　　4. 线性工程取费按线路长度 L 进行调整，$50km < L \leqslant 200km$ 时，建设期观测费在表列标准基础上乘 1.05 的系数；$200km < L \leqslant 600km$ 时，建设期观测费在表列标准基础上乘 1.1 的系数，$L > 600km$ 时，建设期观测费在表列标准基础上乘 1.2 的系数。

第四部分 施 工 临 时 工 程

1. 临时防护工程

临时防护工程指施工期为防治水土流失采取的临时防护措施，按设计工程量乘以单价编制。

2. 其他临时工程

其他临时工程按一至三部分投资合计的 1.0％～2.0％计列。

3. 施工安全生产专项

依据现行规定，施工安全生产专项按一至四部分建安工作量（不含设备购置费）之和的 2.5％计算。费率变化时，应根据国家财政主管部门发布的文件适时调整。

第五部分 独 立 费 用

1. 建设管理费

（1）项目经常费按一至四部分投资合计的 0.6％～2.5％计算（水土保持竣工验收费可按市场调节价计列或根据实际计算）。

（2）技术咨询费根据工作内容，按一至四部分投资合计的 0.4％～1.5％计算（弃渣场稳定安全评估费可按市场调节价计列或根据实际计算，不涉及此项费用的不计列）。

2. 工程建设监理费

参照国家发展改革委、建设部以发改价格〔2007〕670 号印发的《建设工程监理与相关服务收费管理规定》计算。

3. 科研勘测设计费

（1）工程科学研究试验费。遇大型、特殊工程，经论证确需开展有关科学研究试验的可列此项费用，一般按一至四部分投资合计的 0.2％～0.5％计列，也可根据工程实际需求经方案论证后计列。

（2）工程勘测设计费。前期工作阶段（项目建议书、可行性研究阶段）的工程勘测设计费按照批复费用计列。初步设计、招标设计及施工图设计阶段的工程勘测费、设计费参照《国家计委、建设部关于发布＜工程勘察设计收费管理规定＞的通知》（计价格〔2002〕10号）计算。水土保持方案编制费可按市场调节价计列或根据实际计算。

相应阶段的工程勘测设计费应根据所完成的勘测设计工作阶段确定，未发生的工作阶段不计相关费用。

第四节 预 备 费

基本预备费按一至五部分投资合计的3％～5％计算。投资规模大的工程取中值或小值，反之取大值。

生产建设项目水土保持工程不单独计列价差预备费。

第五节 水土保持补偿费

按照《水土保持补偿费征收使用管理办法》（财综〔2014〕8号）以及各省（自治区、直辖市）相应收费标准计算。

第六节 水土保持总投资

工程一至五部分投资、预备费及水土保持补偿费之和构成水土保持静态总投资，即水土保持总投资。

第五章 概算表格

一、概算表

1. 总概算表

总概算表由工程措施、植物措施、监测措施、施工临时工程、独立费用五部分费用及预备费、水土保持补偿费共七项汇总计算而成。

表一   **总 概 算 表**   单位：万元

序号	工程或费用名称	建筑安装工程费	设备购置费	独立费用	合计
	第一部分　工程措施				
一	×××防治区				
（一）	×××工程（一级项目）				
	……				
	第二部分　植物措施				
一	×××防治区				
（一）	×××工程（一级项目）				
	……				
	第三部分　监测措施				
一	水土保持监测				
（一）	土建设施（一级项目）				
	……				
二	弃渣场稳定监测				

序号	工程或费用名称	建筑安装工程费	设备购置费	独立费用	合计
三	建设期观测费				
	第四部分　施工临时工程				
一	临时防护工程				
（一）	×××防治区				
	×××工程（一级项目）				
	……				
	第五部分　独立费用				
	……				
Ⅰ	一至五部分合计				
Ⅱ	预备费				
Ⅲ	水土保持补偿费				
	水土保持总投资（Ⅰ＋Ⅱ＋Ⅲ）				

注　1. 本表监测措施费中建设期观测费列入建筑安装工程费；设备安装费列入建筑安装工程费。

2. 本表应同时列入建设项目设计概算报告（正件）表格中。

2. 分部概算表

本表适用于工程措施、植物措施、监测措施、施工临时工程和独立费用的概算，视需要按项目划分列至二、三级项目。

表二　　　　　　　　　　**分 部 概 算 表**

序号	工程或费用名称	单位	数量	单价（元）	合计（万元）
	第一部分　工程措施				
一	×××防治区				
（一）	×××工程（一级项目）				
	……				

序号	工程或费用名称	单位	数量	单价（元）	合计（万元）
	第二部分　植物措施				
一	×××防治区				
（一）	×××工程（一级项目）				
	……				

3. 分年度投资表

根据施工组织设计确定的施工进度安排，将工程措施、植物措施、监测措施、施工临时工程、独立费用合理分摊到各施工年度，并以此计算预备费，即为分年度的投资。

表三　　　　　　　分 年 度 投 资 表　　　　　　单位：万元

工程或费用名称	合计	建设工期（年）					
		1	2	3	4	5	6
一、工程措施							
（一）×××防治区							
×××工程（一级项目）							
二、植物措施							
（一）×××防治区							
×××工程（一级项目）							
三、监测措施							
（一）水土保持监测							
（二）弃渣场稳定监测							
（三）建设期观测费							
四、施工临时工程							
（一）临时防护工程							

工程或费用名称	合计	建设工期（年）					
		1	2	3	4	5	6
×××防治区							
五、独立费用							
×××费用（一级项目）							
一至五部分合计							
预备费							
水土保持补偿费							
水土保持总投资							

二、概算附表

1. 工程单价汇总表

附表一　　　　　　　　**工程单价汇总表**　　　　　单位：元

编号	工程名称	单位	单价	其　中							
				人工费	材料费	机械使用费	其他直接费	间接费	利润	材料补差	税金

2. 主要材料预算价格汇总表

附表二　　　　　　　　**主要材料预算价格汇总表**　　　　　单位：元

序号	名称及规格	单位	预算价格	其　中			
				原价	运杂费	采购及保管费	运输保险费

3. 施工机械台时费汇总表

附表三　　　　　　**施工机械台时费汇总表**　　　　单位：元

序号	名称及规格	台时费	其　中				
			折旧费	修理及替换设备费	安装拆卸费	人工费	动力燃料费

4. 主要工程量汇总表

附表四　　　　　　　**主要工程量汇总表**

序号	项目	土石方开挖（m³）	土石方填筑（m³）	混凝土（m³）	砌石（m³）	土地平整（m²）	林草面积（m²）

注　表中统计的工程量类别可根据工程实际情况调整。

5. 主要材料用量汇总表

附表五　　　　　　　**主要材料用量汇总表**

序号	项目	水泥（t）	块石（m³）	柴油（t）	苗木（株）	草（草皮）（m²）	（树、草）籽（kg）

注　表中统计的材料类别可根据工程实际情况调整。

三、概算附件

1. 人工预算单价表

附件表一　　　　　　　**人工预算单价表**

艰苦边远地区类别			
序号	项　　目	计算式	单价（元）
	人工工时预算单价		

2. 主要材料运杂费用计算表

附件表二   **主要材料运杂费用计算表**

序号	运杂费用项目	运输起止地点	运输距离（km）	计算公式	合计（元）
	铁路运杂费				
	公路运杂费				
	水路运杂费				
	合　计				

3. 主要材料预算价格计算表

附件表三   **主要材料预算价格计算表**

编号	名称及规格	单位	单位毛重（t）	每吨运费（元）	价格（元）				
					原价	运杂费	采购及保管费	运输保险费	预算价格

4. 混凝土材料单价计算表

附件表四   **混凝土材料单价计算表**

编号	名称及规格	单位	预算量	调整系数	单价（元）	合价（元）

注　1. "名称及规格"栏要求标明混凝土标号及级配、水泥强度等级。

　　2. "调整系数"为卵石换碎石、粗砂换中细砂及其他调整配合比材料用量系数。

5. 工程单价表

附件表五   **工 程 单 价 表**

工程名称		单价编号	
定额编号		定额单位	

施工方法：

序号	名称及规格	单位	数量	单价（元）	合计（元）
一	直接费				
（一）	基本直接费				

序号	名称及规格	单位	数量	单价（元）	合计（元）
1	人工费				
	……				
2	材料费				
	……				
3	机械使用费				
	……				
（二）	其他直接费				
二	间接费				
三	利润				
四	材料补差				
五	税金				
	合计				

6. 独立费用计算书

一 投资估算

第六章 投资估算编制

投资估算是设计文件的重要组成部分。投资估算与设计概算在组成内容、项目划分和费用构成上基本相同，但设计深度有所不同，因此在编制投资估算时，在组成内容、项目划分和费用构成上可适当简化合并或调整。

现将投资估算的编制方法及计算标准规定如下：

（1）基础单价的编制与概算相同。

（2）工程单价的编制与概算相同，考虑设计深度不同，应乘以扩大系数，除钢筋制安工程乘以 5％扩大系数外，其他工程均乘以 10％扩大系数。

（3）各部分投资编制方法及标准与概算一致。

（4）工程勘测设计费

1）水利工程前期工作阶段（项目建议书、可行性研究阶段）的水土保持工程勘测费、设计费，参照《国家发展改革委、建设部关于印发〈水利、水电、电力建设项目前期工作工程勘察收费暂行规定〉的通知》（发改价格〔2006〕1352 号）计算，报告编制费参照《国家计委关于印发〈建设项目前期工作咨询收费暂行规定〉的通知》（计价格〔1999〕1283 号）计算；其他行业生产建设项目按本行业相关规定执行。初步设计、招标设计及施工图设计阶段的水土保持工程勘测费、设计费编制方法同设计概算。

2）水土保持方案编制费可按市场调节价计列或根据实际计算。

（5）可行性研究阶段投资估算基本预备费费率取 10％；项目建议书阶段基本预备费费率取 12％。

（6）价差预备费计列与概算编制要求一致。

（7）投资估算表格参照概算表格编制。

第二篇　水土保持生态建设工程概（估）算编制规定

总　　则

一、为贯彻《中华人民共和国水土保持法》等法律法规，加强水土保持生态建设项目工程造价管理及投资控制，统一概（估）算编制规则和计算方法，提高概（估）算编制质量，根据水土保持生态建设工程特点和近年来的实际建设情况，在《水土保持工程概（估）算编制规定》（水总〔2003〕67号）、《水利工程营业税改征增值税计价依据调整办法（水土保持部分）》（办水总〔2016〕132号）等文件基础上，依据《建筑安装工程费用项目组成》（建标〔2013〕44号），修订形成本规定。

二、本规定适用于水土保持生态建设工程投资文件的编制。

三、本规定应与水土保持工程概算定额配套使用。当定额子目缺项借用其他行业定额计价时，其编制方法、计价格式和取费标准应执行本规定。

四、工程概（估）算应按编制年的国家政策及价格水平进行编制。

五、本规定由水利部水利建设经济定额站负责管理和解释。

一　设计概算

第一章　概　　述

第一节　投资编制范围

本规定所指投资编制范围，是以治理水土流失、改善农业生产生活条件和生态环境为目标的水土保持生态建设工程。

第二节　概算组成

水土保持生态建设工程投资概算由工程措施费、林草措施费、封育措施费、监测措施费、独立费用五部分及预备费、建设期融资利息构成，具体划分如下：

水土保持生态建设工程投资概算
- 工程措施费
- 林草措施费
- 封育措施费
- 监测措施费
- 独立费用
- 预备费
- 建设期融资利息

第三节　概算文件编制依据

（1）水土保持生态建设工程概（估）算编制规定。

（2）水土保持工程概算定额。

（3）工程设计有关资料。

（4）工程所在地发布的设备、材料价格。

（5）其他有关资料。

第四节　概算文件组成内容

概算文件应包括以下三方面内容：编制说明、概算表和附件。

一、编制说明

1. 工程概况

工程概况包括工程所属流域、地点、范围、主要措施和工程量、材料用量、施工总工期、工程总投资、资金来源和投资比例等。

2. 编制依据

（1）设计概算编制原则和依据，包括所采用的规程、规范、规定、定额标准等文件名称及文号。

（2）人工预算单价，施工用电、水、风，主要材料、苗木、草、种子等预算价格的计算依据，并列示人工预算单价，主要材料与苗木、草、种子除税预算价。

（3）主要设备价格的计算依据。

（4）水土保持工程概算定额、施工机械台时费定额和其他有关指标采用的依据。

（5）费用计算标准及依据。

（6）征地及淹没补偿费的计算依据及简要说明。

二、概算表及概算附表

1. 概算表

（1）总概算表。

（2）分部概算表。

（3）分年度投资表。

2．概算附表

（1）工程单价汇总表。

（2）主要材料、苗木、草、种子预算价格汇总表。

（3）施工机械台时费汇总表。

（4）主要材料用量汇总表。

3．概算附件

（1）人工预算单价表。

（2）主要材料运杂费用计算表。

（3）主要材料、苗木、草、种子预算价格计算表。

（4）混凝土材料单价计算表。

（5）工程单价表。

（6）独立费用计算书。

设计概算表及其附件可以根据工程实际需要进行取舍，但不能合并。

第二章　项目组成与划分

　　水土保持生态建设工程项目划分为工程措施、林草措施、封育措施、监测措施和独立费用共五部分。各部分按工程内容分设一、二、三级项目。二、三级项目中，仅列示了代表性子目，编制概算时可根据工程情况和设计工作深度进行增减。

第一节　组　成　内　容

第一部分　工　程　措　施

　　工程措施由坡耕地治理工程、小型蓄排引水工程、沟道治理工程、固沙工程、设备及安装工程、其他工程、施工安全生产专项共七项组成。

　　（1）坡耕地治理工程。包括人工修筑梯田、机械修筑梯田、垄向区田、改垄、地埂等。

　　（2）小型蓄排引水工程。包括塘坝、蓄水池、水窖、涝池、截（排）水沟、排洪（灌溉）渠、扬水（灌溉）泵站等。

　　（3）沟道治理工程。包括谷坊、淤地坝、拦沙坝、沟头防护工程、滩岸防护工程等。

　　（4）固沙工程。包括压盖、沙障等。

　　（5）设备及安装工程。指排灌、引水等构成固定资产的全部工程设备及其安装工程。

　　（6）其他工程。包括永久性动力、通信线路、房屋建筑、生产道路及其他配套设施工程等。

（7）施工安全生产专项。指施工期为保证工程安全作业环境及安全施工采取的相关措施。包括完善、改造和维护安全防护设施设备支出，指施工现场临时用电系统、洞口或临边防护、高处作业或交叉作业防护、临时安全防护、支护及防治边坡滑坡、工程有害气体监测和通风、保障安全的机械设备、防火、防爆、防触电、防尘、防毒、防雷、防台风、防地质灾害等设施设备支出；应急救援技术装备、设施配置及维护保养支出，事故逃生和紧急避险设施设备的配置和应急救援队伍建设、应急预案制（修）订与应急演练支出；开展施工现场重大危险源检测、评估、监控支出，安全风险分级防控和事故隐患排查整改支出；工程项目安全生产信息化建设、运行维护和网络安全支出；安全生产检查、评估评价（不含新建、改建、扩建项目安全评价）、咨询和标准化建设支出；配备和更新现场作业人员安全防护用品支出；安全生产宣传、教育、培训和从业人员发现并报告事故隐患的奖励支出；安全生产适用的新技术、新标准、新工艺、新装备的推广应用支出；安全设施及特种设备检测检验、检定校准支出；安全生产责任保险支出；其他与安全生产直接相关的支出，以及按照水利安全生产要求完成安全生产目标管理（含伤亡控制指标、施工安全达标、文明施工目标等）需要的相关支出。

第二部分　林　草　措　施

林草措施由造林工程、种草工程及苗圃三部分组成。

（1）造林工程。包括整地、换土、假植，栽植、播种乔（灌）木和种子，以及建设期的幼林抚育等。

（2）种草工程。包括栽植草、草皮，播种草籽等。

（3）苗圃。包括苗圃育苗、育苗棚及围栏等。

第三部分　封　育　措　施

封育措施由拦护设施、补植补种和辅助设施等组成。

（1）拦护设施。围栏、标志牌（碑）等。

（2）补植补种。指封育范围内补植和补种乔木、灌木、经济林、果树的苗木或种子，以及草籽。

（3）辅助设施。指配合封育治理的舍饲等设施。

第四部分 监 测 措 施

监测措施包括项目建设期间为控制水土流失、监测水土流失治理效果而开展的监测土建设施修筑、监测设备购置及安装，以及建设期的水土流失观测等工作。

监测土建设施包括为开展水土保持监测而修建的径流小区、控制站、观测场等监测设施，以及配套的观测井、观测用房、观测道路等附属设施。

监测设备及安装主要是指为开展水位、流速、泥沙以及降水、风力、风向、降尘等水土流失监（观）测而配置的仪器（表）设备及其安装。

第五部分 独 立 费 用

独立费用由建设管理费、工程建设监理费、科研勘测设计费、征地及淹没补偿费、其他共五项组成。

1. 建设管理费

建设管理费指建设单位在工程项目的立项、筹建、建设、竣工验收、总结等工作中所发生的管理费用。主要包括建设管理人员费、办公费、差旅交通费、会议费、宣传费，以及审查论证、技术推广、人员培训、检查评估、竣工验收等费用。

2. 工程建设监理费

工程建设监理费指在项目建设过程中委托监理单位，依据工程设计文件，针对水土保持生态建设工程施工而开展的质量控制、进度控制、资金控制和施工安全与文明施工管理、合同管理、信息管理及组织协调等专业化技术服务活动所发生的全部费用。

3．科研勘测设计费

科研勘测设计费包括科学研究试验费和勘测设计费。

（1）科学研究试验费。指在工程建设过程中，为解决工程中的特殊技术难题而进行必要科学研究所需的经费。

（2）勘测设计费。指工程从可行性研究阶段开始至以后各设计阶段发生的勘测费、设计费。

4．征地及淹没补偿费

征地及淹没补偿费指工程建设中为征收、征用土地及地面附着物补偿等所需支付的费用。

5．其他

其他指工程建设过程中发生的不能归入以上项目的有关税费。

第二节　项目划分表

水土保持生态建设工程有关工程措施、林草措施、封育措施、监测措施、独立费用具体项目划分见表2.2-1～表2.2-5。

第一部分　工程措施

表 2.2-1　　　　　　　　工程措施项目划分表

序号	一级项目	二级项目	三级项目	技术经济指标
一	坡耕地治理工程			
1		人工修筑梯田		
			人工修筑土坎水平梯田	元/hm²
			人工修筑石坎水平梯田	元/hm²

序号	一级项目	二级项目	三级项目	技术经济指标
			人工修筑混凝土预制块坎水平梯田	元/hm²
			人工修筑草坎坡式梯田	元/hm²
2		机械修筑梯田		
			推土机修筑土坎水平梯田	元/hm²
			推土机修筑石坎水平梯田	元/hm²
			推土机修筑混凝土预制块坎水平梯田	元/hm²
3		垄向区田		元/hm²
4		改垄	机械改垄	元/hm²
5		地埂	人工修筑地埂	元/hm²
			机械修筑地埂	元/hm²
		……		
二	小型蓄排引水工程			
1		塘坝		
			土方开挖	元/m³
			土方回填	元/m³
			砌石	元/m³
			混凝土	元/m³
			钢筋	元/t
2		蓄水池		
			开敞式矩形蓄水池	元/座

序号	一级项目	二级项目	三级项目	技术经济指标
			开敞式圆形蓄水池	元/座
			封闭式矩形蓄水池	元/座
			封闭式圆形蓄水池	元/座
3		水窖		
			水泥砂浆薄壁水窖	元/眼
			混凝土盖碗水窖	元/眼
			素混凝土肋拱盖碗水窖	元/眼
			混凝土球形水窖	元/眼
			砖拱式水窖	元/眼
			平窑式水窖	元/眼
			崖窑式水窖	元/眼
			传统瓶式水窖	元/眼
			混凝土弧形水窖	元/眼
4		涝池		元/座
5		截（排）水沟		
			土方开挖	元/m^3
			土方回填	元/m^3
			砌石	元/m^3
			混凝土	元/m^3
6		排洪（灌溉）渠		
			土方开挖	元/m^3
			石方开挖	元/m^3
			土石方回填	元/m^3
			砌石	元/m^3

序号	一级项目	二级项目	三级项目	技术经济指标
			混凝土	元/m³
			钢筋	元/t
			其他工程	
7		扬水（灌溉）泵站		
			土方开挖	元/m³
			石方开挖	元/m³
			土石方回填	元/m³
			砌石	元/m³
			混凝土	元/m³
			钢筋	元/t
			混凝土管	元/m
			泵房建筑	元/m²
			其他工程	
		……		
三	沟道治理工程			
1		谷坊		
			土谷坊	元/m
			干砌石谷坊	元/m
			浆砌石谷坊	元/m
			植物谷坊	元/m
2		淤地坝		
			土方开挖	元/m³
			石方开挖	元/m³
			土方回填	元/m³
			石方回填	元/m³

序号	一级项目	二级项目	三级项目	技术经济指标
			砌石	元/m³
			混凝土	元/m³
			钢筋	元/t
			反滤体填筑	元/m³
			坝体（趾）堆石	元/m³
			其他工程	
3		拦沙坝		
			土方开挖	元/m³
			石方开挖	元/m³
			土方回填	元/m³
			石方回填	元/m³
			砌石	元/m³
			混凝土	元/m³
			钢筋	元/t
			固结灌浆孔	元/m
			固结灌浆	元/m
			反滤体填筑	元/m³
			坝体（趾）堆石	元/m³
			其他工程	
4		沟头防护工程		
			土方开挖	元/m³
			石方开挖	元/m³
			砌石	元/m³
			混凝土	元/m³
5		滩岸防护工程		

序号	一级项目	二级项目	三级项目	技术经济指标
			土方开挖	元/m³
			石方开挖	元/m³
			土方回填	元/m³
			抛石	元/m³
			混凝土	元/m³
			钢筋	元/t
		……		
四	固沙工程			
1		压盖		
			黏土压盖	元/m²
			泥墁压盖	元/m²
			卵石压盖	元/m²
			砂砾压盖	元/m²
2		沙障		
			防沙土墙	元/m³
			黏土埂	元/m
			高立式柴草沙障	元/m
			低立式柴草沙障	元/m
			立杆串草把沙障	元/m
			立埋草把沙障	元/m
			立杆编织条沙障	元/m
			防沙栅栏	元/m
		……		
五	设备及安装工程			
1		排灌设备		

序号	一级项目	二级项目	三级项目	技术经济指标
			设备费	元/台
			安装费	元
		……		
六	其他工程			
1		供电线路		元/km
2		通信线路		元/km
3		房屋建筑		元/m²
4		生产道路		元/km
		……		
七	施工安全生产专项			

第二部分 林 草 措 施

表 2.2 - 2 林草措施项目划分表

序号	一级项目	二级项目	三级项目	技术经济指标
一	造林工程			
1		整地		
			水平阶整地	元/hm²
			反坡整地	元/hm²
			水平沟整地	元/hm²
			水平犁沟整地	元/hm²
			鱼鳞坑整地	元/hm²
			穴状整地	元/hm²
			等高条垦整地	元/m

序号	一级项目	二级项目	三级项目	技术经济指标
2		假植		
			假植乔木	元/株
			假植灌木	元/株
3		栽（种）植		
			条播	元/hm²
			穴播	元/hm²
			撒播	元/hm²
			植灌木苗造林	元/株
			植乔木苗造林	元/株
			插条	元/株
			插干	元/株
			栽植果树、经济林	元/株
4		抚育工程*		
			幼林抚育	元/(hm²·年)
		……		
二	种草工程			
1		栽（种）植		
			条播	元/hm²
			穴播	元/hm²
			撒播	元/hm²
			喷播植草	元/m²
		……		
三	苗圃			

序号	一级项目	二级项目	三级项目	技术经济指标
1		树种子或树苗		元/kg 或元/株
2		草籽、草皮		元/kg 或元/m^2
3		育苗棚		元/m^2
4		围栏		元/m
5		水井		元/眼
		……		

＊ 指项目建设期间有关的抚育工程。

第三部分　封　育　措　施

表 2.2-3　　　　封育措施项目划分表

序号	一级项目	二级项目	三级项目	技术经济指标
一	拦护设施			
1		围栏		
			木桩刺铁围栏	元/m
			预制混凝土桩刺铁围栏	元/m
2		标志牌（碑）		
			砖砌标志碑	元/m^2
			标志牌	元/个
		……		
二	补植补种			
1		直播造林		
			穴播	元/hm^2
2		分殖造林		

续表

序号	一级项目	二级项目	三级项目	技术经济指标
			插条	元/株
			插干	元/株
3		直播种草		
			撒播	元/hm^2
		……		
三	辅助设施			
1		舍饲		元/m^2
		……		

第四部分 监 测 措 施

表 2.2－4　　　　　监测措施项目划分表

序号	一级项目	二级项目	三级项目	技术经济指标
一	监测土建设施			
1		径流小区		
			土方开挖	元/m^3
			土方回填	元/m^3
			砌砖	元/m^3
			砂浆抹面	元/m^2
			混凝土	元/m^3
			预制板	元/个
2		控制站(测流堰槽)		
			土方开挖	元/m^3
			土方回填	元/m^3

序号	一级项目	二级项目	三级项目	技术经济指标
			砌砖	元/m³
			砂浆抹面	元/m²
			混凝土	元/m³
3		附属设施		
			观测用房	元/m²
			集流桶	元/个
			观测井	元/眼
			围栏	元/m
			简易路	元/km
			供电线路	元/km
		……		
二	监测设备及安装			
1		监测设备、仪表		元/套（台）
2		安装费		
三	建设期水土流失观测费			

第五部分　独　立　费　用

表 2.2－5　　　　独立费用项目划分表

序号	一级项目	二级项目	技术经济指标
一	建设管理费		
二	工程建设监理费		
三	科研勘测设计费		
1		科学研究试验费	

序号	一级项目	二级项目	技术经济指标
2		勘测费	
3		设计费	
四	征地及淹没补偿费		
1		土地	
2		房屋	
3		树	
4		其他	
五	其他		
1		其他税费	

第三章 编制办法及计算标准

　　工程措施、林草措施、封育措施、监测措施建筑安装工程费由直接费、间接费、利润、材料补差和税金组成。

　　直接费指建筑安装工程施工过程中消耗的用于形成工程实体的直接费用,以及为完成工程项目施工发生的措施费用和设施费用,由基本直接费和其他直接费组成。基本直接费包括人工费、材料费、施工机械使用费。

第一节 基 础 单 价 编 制

一、人工预算单价

人工预算单价按表 2.3 - 1 标准计算。

表 2.3 - 1　　　　　**人工预算单价计算标准**　　　　单位:元/工时

地区类别	一般地区	边 远 地 区						
		一类区	二类区	三类区	四类区	五类区 西藏二类区	六类区 西藏三类区	西藏 四类区
人工单价	4.57	4.75	4.94	5.19	5.69	6.50	7.43	7.86

　　注　1. 艰苦边远地区划分执行人事部、财政部《关于印发〈完善艰苦边远地区津贴制度实施方案〉的通知》(国人部发〔2006〕61号)及各省(自治区、直辖市)关于艰苦边远地区津贴制度实施意见。一至六类地区的类别划分参见附录1,执行时应根据最新文件进行调整。一般地区指附录1之外的地区。

　　　　2. 西藏地区类别执行西藏特殊津贴制度相关文件规定,其二至四类区划分的具体内容见附录2。

　　　　3. 跨地区项目的人工预算单价可按主要水土保持设施所在地确定,也可按工程规模或投资比例经综合分析确定。

　　　　4. 定额人工单价实行动态管理,具体调整办法以行业归口管理的定额站颁发的文件为依据。

二、材料预算价格

（1）主要材料价格。主要材料预算价格为不含增值税价格，按当地供应部门材料价格或市场价加运杂费、采购及保管费、运输保险费计算；柴油、钢筋、水泥、商品混凝土等执行基价，其中柴油基价为 3020 元/t，钢筋基价为 2580 元/t，水泥基价为 260 元/t，商品混凝土基价为 200 元/m³；当材料预算价格超过材料基价时，应按基价计入工程单价参加取费，超过基价部分以材料补差形式计算，计取税金后列入相应工程单价。

（2）砂、石料价格。按当地购买价或自采价计算，当价格超过砂、石基价 70 元/m³ 时，应按基价计入工程单价参加取费，超过基价部分以材料补差形式计算，计取税金后列入相应工程单价。

（3）电价。根据当地实际电价扣除增值税计算，或按 0.9 元/（kW·h）计算。

（4）水价。根据实际供水方式扣除增值税计算，或按 1.5 元/m³ 计算。

（5）风价。按 0.18 元/m³ 计算。

（6）采购及保管费费率。工程措施、监测措施按 1.5%～2.0% 计算；林草措施、封育措施按 1.0% 计算。

三、林草（籽）预算价格

苗木、草、种子预算价格为不含增值税价格，按当地市场价格加运杂费、采购及保管费、运输保险费计算。工程单价计算中，林草（籽）价格执行基价，其中苗木基价为 8 元/株、种子基价为 60 元/kg，当苗木、种子预算价超过材料基价时，应按基价计入工程单价参加取费，超过基价部分以材料补差形式计算，计取税金后列入相应工程单价。

四、施工机械使用费

施工机械使用费采用《水利工程施工机械台时费定额》计算。对于定额缺项的施工机械，可参考有关行业的施工机械台时费定额。如为台班费定额需换算为台时费定额。

第二节　取费标准

一、其他直接费

其他直接费包括冬雨季施工增加费、夜间施工增加费、临时设施费及其他等。

1. 冬雨季施工增加费

冬雨季施工增加费指在冬雨季施工期间为保证工程质量所需增加的费用。包括增加施工工序，增设防雨、保温、排水等设施增耗的动力、燃料、材料以及因人工、机械效率降低而增加的费用。

2. 夜间施工增加费

夜间施工增加费指施工场地和公用施工道路的照明费用。

3. 临时设施费

临时设施费指施工企业为进行建筑安装工程施工所必需的但又未被列入工程的小型临时设施的建设、维修、拆除、摊销等费用。

4. 其他

其他指施工工具用具使用费、工程项目及设备仪表移交生产前的维护费、工程质量检测费、工程定位复测及施工控制网测设费、工程点交费、竣工场地清理费等。

其他直接费费率表见表 2.3-2。

表 2.3 - 2   **其他直接费费率表**

工程类别	计算基础	其他直接费费率（%）
工程措施、监测措施	基本直接费	3.5
林草措施	基本直接费	1.5
封育措施	基本直接费	1.0

注 工程措施中的坡耕地治理工程取基本直接费的 2%，设备及安装工程和其他工程不再计取其他直接费。

二、间接费

间接费是指施工企业为完成建筑安装工程施工而组织施工生产与进行经营管理所发生的各项费用，由规费和企业管理费组成。

间接费费率表见表 2.3 - 3。

表 2.3 - 3   **间 接 费 费 率 表**

工程类别	计算基础	间接费费率（%）
工程措施、监测措施	直接费	5～7
林草措施	直接费	4～5
封育措施	直接费	3～4

注 工程措施中的坡耕地治理工程、固沙工程、沟道治理工程中的谷坊工程，小型蓄排引水工程中的水窖工程取下限，其他小型蓄排引水工程、沟道治理工程、监测措施取上限。设备及安装工程、其他工程及林草措施中的育苗棚、水井等均不再计取间接费。

三、利润

利润指按规定应计入建筑安装工程费的利润，按项目划分中措施分类分别计算。

（1）工程措施、监测措施。利润按直接费与间接费之和的 3%～5% 计算。按指标计算的设备及安装工程、其他工程等不计利润。

（2）林草措施。利润按直接费与间接费之和的 3％～5％计算。按指标计算的育苗棚、水井等不计利润。

（3）封育措施。利润按直接费与间接费之和的 1％～2％计算。按指标计算的辅助设施不计利润。

四、税金

税金指按规定应计入建筑安装工程费的增值税销项税额。

（1）工程措施、监测措施。税金按直接费、间接费、利润、材料补差之和的 9％计算。按指标计算的设备及安装工程、其他工程等不计税金。

（2）林草措施。税金按直接费、间接费、利润、材料补差之和的 9％计算。按指标计算的育苗棚、水井等不计税金。

（3）封育措施。税金按直接费、间接费、利润、材料补差之和的 9％计算。按指标计算的辅助设施不计税金。

第三节　工 程 单 价 编 制

一、建筑工程单价的编制

（1）直接费＝基本直接费＋其他直接费。

基本直接费＝人工费＋材料费＋机械使用费

其他直接费＝基本直接费×其他直接费费率

（2）间接费＝直接费×间接费费率。

（3）利润＝（直接费＋间接费）×利润率。

（4）材料补差＝（材料预算价格－材料基价）×材料消耗量。

（5）税金＝（直接费＋间接费＋利润＋材料补差）×税率。

（6）建筑工程单价＝直接费＋间接费＋利润＋材料补差＋税金。

二、安装工程单价的编制

安装工程单价包括直接费、间接费、利润、税金。

（1）排灌设备的安装费按排灌设备费的 6％计算。

（2）监测设备的安装费按监测设备费的 5％计算。

第四节　各部分投资编制

第一部分　工　程　措　施

（1）坡耕地治理工程、小型蓄排引水工程、沟道治理工程、固沙工程费用：根据设计工程量乘以工程单价进行编制。

（2）设备及安装工程费用：设备费按设计的设备数量乘以设备预算价格计算，设备安装费按设备费乘以费率进行编制。

（3）其他工程费用：按设计的数量乘以单位造价指标进行编制。

（4）施工安全生产专项：按第一部分建安工作量（不含设备购置费）的 2.5％进行编制。费率变化时，应根据国家财政主管部门发布的文件适时调整。

第二部分　林　草　措　施

（1）造林种草工程主要费用：根据设计的苗木、草（籽）及种子数量乘以工程单价进行编制。

（2）抚育费：根据设计需要的抚育内容、数量、次数及时间，按《水土保持工程概算定额》进行编制。

（3）育苗棚、水井费用：按单位造价指标进行编制。

第三部分 封 育 措 施

（1）拦护设施费用：根据设计工程量乘以工程单价进行编制。

（2）补植补种树苗、草（籽）费用：根据设计补植补种工程量乘以工程单价进行编制。

（3）辅助设施费用：按单位造价指标进行编制。

第四部分 监 测 措 施

（1）监测土建设施与设备费：按设计工程量或设备清单乘以工程（设备）单价进行编制。

（2）安装费：按设备费的百分率进行编制。

（3）建设期水土流失观测费：包括系统运行材料费、维护检修费和常规观测费，按一至三部分投资之和的 $0.5\% \sim 1.2\%$ 计列。投资规模大的工程取中值或小值，反之取大值。

第五部分 独 立 费 用

1．建设管理费

按一至四部分投资之和的 $2.5\% \sim 4\%$ 计算。投资规模大的工程取中值或小值，反之取大值。

2．工程建设监理费

按市场调节价确定，或参照《建设工程监理与相关服务收费管理规定》（发改价格〔2007〕670号）及相关文件规定计算。

3．科研勘测设计费

（1）科学研究试验费。遇大型、特殊水土保持工程可列此项费用，按一至三部分投资之和的 $0.2\% \sim 0.4\%$ 计算，一般不列此项目。

（2）勘测设计费。可行性研究阶段的勘测设计费按照可行性研究报告的批复费用计列。

初步设计、招标设计及施工图设计阶段的勘测设计费,参照《国家计委、建设部关于发布〈工程勘察设计收费管理规定〉的通知》(计价格〔2002〕10号)计算。

相应阶段的工程勘测设计费应根据所完成的勘测设计工作阶段确定,未发生的工作阶段不计相关费用。

4. 征地及淹没补偿费

采用工程建设及施工占地和地面附着物等的实物量乘以相应的补偿标准计算,按有关规定执行。

5. 其他

其他所发生费用按国家及建设工程所在地省(自治区、直辖市)的有关规定计算。

第五节 预 备 费

预备费包括基本预备费和价差预备费。

1. 基本预备费

按一至五部分投资之和的3%计算。

2. 价差预备费

根据工程施工工期,以分年度的静态投资为计算基数,按水利部水利建设经济定额站发布的价格指数计算。计算公式如下:

$$E = \sum_{n=1}^{N} F_n [(1+p)^n - 1]$$

式中　E——价差预备费;

　　　N——合理建设工期;

　　　n——施工年度;

　　　F_n——在建设的第 n 年的分年投资;

　　　p——价格指数。

第六节　建设期融资利息

建设期融资利息指工程在建设期内需偿还并应计入工程总投资的融资利息，按国家财政金融政策规定计算。未使用银行贷款的项目不计列此项费用。

第七节　静态总投资、总投资

1. 静态总投资

工程一至五部分投资与基本预备费之和构成静态总投资。

2. 总投资

工程静态总投资、价差预备费、建设期融资利息之和构成总投资。

第四章 概 算 表 格

一、概算表

1. 总概算表

表一   总 概 算 表   单位：万元

序号	工程或费用名称	建筑安装工程费	设备购置费	独立费用	合计
	第一部分　工程措施				
一	坡耕地治理工程				
	……				
	第二部分　林草措施				
一	造林工程				
	……				
	第三部分　封育措施				
一	拦护设施				
	……				
	第四部分　监测措施				
一	监测土建设施				
	……				
	第五部分　独立费用				
一	建设管理费				
二	工程建设监理费				

序号	工程或费用名称	建筑安装工程费	设备购置费	独立费用	合计
三	科研勘测设计费				
四	征地及淹没补偿费				
五	其他				
Ⅰ	一至五部分合计				
Ⅱ	基本预备费				
Ⅲ	静态总投资（Ⅰ＋Ⅱ）				
Ⅳ	价差预备费				
Ⅴ	建设期融资利息				
	总投资（Ⅲ＋Ⅳ＋Ⅴ）				

注 本表中监测措施费中建设期水土流失观测费列入建筑安装工程费。

2. 分部概算表

表二 **分 部 概 算 表**

序号	工程或费用名称	单位	数量	单价（元）	合价（万元）
	第一部分　工程措施				
一	坡耕地治理工程				
1	人工修筑梯田				
	人工修筑土坎水平梯田	hm²			
	……				
	第二部分　林草措施				
一	造林工程				
1	整地				
	水平阶整地	个			

序号	工程或费用名称	单位	数量	单价（元）	合价（万元）
	......				
	第三部分　封育措施				
一	拦护设施				
1	围栏				
	木桩刺铁围栏	m			
	......				
	第四部分　监测措施				
一	监测土建设施				
1	径流小区				
	土方开挖	m^3			
	......				
	第五部分　独立费用				
一	建设管理费				
二	工程建设监理费				
三	科研勘测设计费				
四	征地及淹没补偿费				
五	其他				

3. 分年度投资表

表三　　　　分 年 度 投 资 表　　　　单位：万元

工程及费用名称	合计	建设工期（年）			
		1	2	3	4
第一部分　工程措施					
一、坡耕地治理工程					

工程及费用名称	合计	建设工期（年）			
		1	2	3	4
……					
第二部分　林草措施					
一、造林工程					
……					
第三部分　封育措施					
一、拦护设施					
……					
第四部分　监测措施					
一、监测土建设施					
……					
第五部分　独立费用					
一、建设管理费					
二、工程建设监理费					
三、科研勘测设计费					
四、征地及淹没补偿费					
五、其他					
一至五部分合计					
基本预备费					
静态总投资					
价差预备费					
建设期融资利息					
总投资					

二、概算附表

1. 工程单价汇总表

附表一 　　　　　　　　　　工程单价汇总表 　　　　　　　单位：元

编号	工程名称	单位	单价	其　　中							
				人工费	材料费	机械使用费	其他直接费	间接费	利润	材料补差	税金

2. 主要材料、苗木、草、种子预算价格汇总表

附表二 　　　主要材料、苗木、草、种子预算价格汇总表 　　　单位：元

序号	名称及规格	单位	预算价格	其　　中			
				原价	运杂费	采购及保管费	运输保险费

3. 施工机械台时费汇总表

附表三 　　　　　　　施工机械台时费汇总表 　　　　　　单位：元

序号	名称及规格	台时费	其　　中				
			折旧费	修理及替换设备费	安装拆卸费	人工费	动力燃料费

4. 主要材料用量汇总表

附表四 　　　　　　　　　　主要材料用量汇总表

序号	项目	水泥（t）	块石（m³）	柴油（t）	苗木（株）	草（m²）	种子（kg）	草籽（kg）	化肥（kg）

注 表中统计的材料类别可根据工程实际情况调整。

三、概算附件

1. 人工预算单价表

附件表一   **人工预算单价表**

艰苦边远地区类别			
序号	项　　目	计算式	单价（元）
	人工工时预算单价		

2. 主要材料运杂费用计算表

附件表二   **主要材料运杂费用计算表**

序号	运杂费用项目	运输起止地点	运输距离（km）	计算公式	合计（元）
	铁路运杂费				
	公路运杂费				
	水路运杂费				
	合　计				

3. 主要材料预算价格计算表

附件表三   **主要材料预算价格计算表**

序号	名称及规格	单位	单位毛重（t）	每吨运费（元）	价格（元）				
					原价	运杂费	采购及保管费	运输保险费	预算价格

4. 混凝土材料单价计算表

附件表四   **混凝土材料单价计算表**

编号	名称及规格	单位	预算量	调整系数	单价（元）	合价（元）

注　1. "名称及规格"栏要求标明混凝土标号及级配、水泥强度等级等。

　　2. "调整系数"为卵石换碎石、粗砂换中细砂及其他调整配合比材料用量系数。

5. 工程单价表

附件表五　　　　　　　**工 程 单 价 表**

工程名称				单价编号	
定额编号				定额单位	
施工方法					
序号	名称及规格	单位	数量	单价（元）	合价（元）
一	直接费				
（一）	基本直接费				
1	人工费				
	……				
2	材料费				
	……				
3	机械使用费				
	……				
（二）	其他直接费				
二	间接费				
三	利润				
四	材料补差				
五	税金				
	合计				

6. 独立费用计算书

一 投资估算

第五章 投 资 估 算 编 制

投资估算是设计文件的重要组成部分。可行性研究投资估算与初步设计概算在组成内容、项目划分和费用构成上基本相同，仅设计深度不同，因此在编制可行性研究投资估算时，在组成内容、项目划分和费用构成上，可适当简化合并或调整。

现将投资估算的编制方法及计算标准规定如下：

（1）基础单价的编制与概算相同。

（2）工程单价的编制与概算相同，考虑设计深度不同，应乘以 10％的扩大系数。

（3）各部分投资编制方法及标准与概算一致。

（4）可行性研究阶段勘测设计费，参照《国家发展改革委、建设部关于印发〈水利、水电、电力建设项目前期工作工程勘察收费暂行规定〉的通知》（发改价格〔2006〕1352 号）计算，报告编制费参照《国家计委关于印发〈建设项目前期工作咨询收费暂行规定〉的通知》（计价格〔1999〕1283 号）计算，或按照市场调节价确定。初步设计、招标设计及施工图设计阶段的勘测费、设计费编制方法同设计概算。

（5）可行性研究阶段投资估算基本预备费费率取 6％。

（6）价差预备费、建设期融资利息计列与概算编制要求一致。

（7）投资估算表格参照概算表格编制。

附 录

附录 1

艰苦边远地区类别划分

一、新疆维吾尔自治区（108个）

一类区（1个）

乌鲁木齐市：米东区。

二类区（10个）

乌鲁木齐市：天山区、沙依巴克区、新市区、水磨沟区、头屯河区、达坂城区、乌鲁木齐县。

石河子市。

昌吉回族自治州：昌吉市、阜康市。

三类区（35个）

五家渠市。

阿拉尔市。

阿克苏地区：阿克苏市、温宿县、库车市、沙雅县。

吐鲁番市：高昌区、鄯善县。

哈密市：伊州区。

博尔塔拉蒙古自治州：博乐市、精河县、阿拉山口市。

克拉玛依市：克拉玛依区、独山子区、白碱滩区、乌尔禾区。

昌吉回族自治州：呼图壁县、玛纳斯县、奇台县、吉木萨尔县。

巴音郭楞蒙古自治州：库尔勒市、轮台县、博湖县、焉耆回族自治县。

伊犁哈萨克自治州：奎屯市、伊宁市、伊宁县。

塔城地区：乌苏市、沙湾市、塔城市。

胡杨河市。

新星市。

双河市。

铁门关市。

白杨市。

四类区（40个）

图木舒克市。

喀什地区：喀什市、疏附县、疏勒县、英吉沙县、泽普县、麦盖提县、岳普湖县、伽师县、巴楚县。

阿克苏地区：新和县、拜城县、阿瓦提县、乌什县、柯坪县。

吐鲁番市：托克逊县。

克孜勒苏柯尔克孜自治州：阿图什市。

博尔塔拉蒙古自治州：温泉县。

昌吉回族自治州：木垒哈萨克自治县。

巴音郭楞蒙古自治州：尉犁县、和硕县、和静县。

伊犁哈萨克自治州：霍城县、巩留县、新源县、察布查尔锡伯自治县、特克斯县、尼勒克县、霍尔果斯市。

塔城地区：额敏县、托里县、裕民县、和布克赛尔蒙古自治县。

阿勒泰地区：阿勒泰市、布尔津县、富蕴县、福海县、哈巴河县。

北屯市。

可克达拉市。

五类区（17个）

喀什地区：莎车县。

和田地区：和田市、和田县、墨玉县、洛浦县、皮山县、策勒县、于田县、民丰县。

哈密市：伊吾县、巴里坤哈萨克自治县。

巴音郭楞蒙古自治州：若羌县、且末县。

伊犁哈萨克自治州：昭苏县。

阿勒泰地区：青河县、吉木乃县。

昆玉市。

六类区（5个）

克孜勒苏柯尔克孜自治州：阿克陶县、阿合奇县、乌恰县。

喀什地区：塔什库尔干塔吉克自治县、叶城县。

二、宁夏回族自治区（19个）

一类区（11个）

银川市：兴庆区、灵武市、永宁县、贺兰县。

石嘴山市：大武口区、惠农区、平罗县。

吴忠市：利通区、青铜峡市。

中卫市：沙坡头区、中宁县。

三类区（8个）

吴忠市：盐池县、同心县。

固原市：原州区、西吉县、隆德县、泾源县、彭阳县。

中卫市：海原县。

三、青海省（43个）

二类区（6个）

西宁市：城中区、城东区、城西区、城北区。

海东地区：乐都县、民和回族土族自治县。

三类区（8个）

西宁市：大通回族土族自治县、湟源县、湟中县。

海东地区：平安县、互助土族自治县、循化撒拉族自治县。

海南藏族自治州：贵德县。

黄南藏族自治州：尖扎县。

四类区（12个）

海东地区：化隆回族自治县。

海北藏族自治州：海晏县、祁连县、门源回族自治县。

海南藏族自治州：共和县、同德县、贵南县。

黄南藏族自治州：同仁县。

海西蒙古族藏族自治州：德令哈市、格尔木市、乌兰县、都兰县。

五类区（10个）

海北藏族自治州：刚察县。

海南藏族自治州：兴海县。

黄南藏族自治州：泽库县、河南蒙古族自治县。

果洛藏族自治州：玛沁县、班玛县、久治县。

玉树藏族自治州：玉树市、囊谦县。

海西蒙古族藏族自治州：天峻县。

六类区（7个）

果洛藏族自治州：甘德县、达日县、玛多县。

玉树藏族自治州：杂多县、称多县、治多县、曲麻莱县。

四、甘肃省（83个）

一类区（14个）

兰州市：红古区。

白银市：白银区。

天水市：秦州区、麦积区。

庆阳市：西峰区、庆城县、合水县、正宁县、宁县。

平凉市：崆峒区、泾川县、灵台县、崇信县、华亭市。

二类区（40个）

兰州市：永登县、皋兰县、榆中县。

嘉峪关市。

金昌市：金川区、永昌县。

白银市：平川区、靖远县、会宁县、景泰县。

天水市：清水县、秦安县、甘谷县、武山县。

武威市：凉州区。

酒泉市：肃州区、玉门市、敦煌市。

张掖市：甘州区、临泽县、高台县、山丹县。

定西市：安定区、通渭县、临洮县、漳县、岷县、渭源县、陇西县。

陇南市：武都区、成县、宕昌县、康县、文县、西和县、礼县、两当县、徽县。

临夏回族自治州：临夏市、永靖县。

三类区（18个）

天水市：张家川回族自治县。

武威市：民勤县、古浪县。

酒泉市：金塔县、瓜州县。

张掖市：民乐县。

庆阳：环县、华池县、镇原县。

平凉市：庄浪县、静宁县。

临夏回族自治州：临夏县、康乐县、广河县、和政县。

甘南藏族自治州：临潭县、舟曲县、迭部县。

四类区（9个）

武威市：天祝藏族自治县。

酒泉市：肃北蒙古族自治县、阿克塞哈萨克族自治县。

张掖市：肃南裕固族自治县。

临夏回族自治州：东乡族自治县、积石山保安族东乡族撒拉族自治县。

甘南藏族自治州：合作市、卓尼县、夏河县。

五类区（2个）

甘南藏族自治州：玛曲县、碌曲县。

五、陕西省（48个）

一类区（45个）

延安市：延长县、延川县、子长县、安塞县、志丹县、吴起县、甘泉县、富县、宜川县。

铜川市：宜君县。

渭南市：白水县。

咸阳市：永寿县、彬县、长武县、旬邑县、淳化县。

宝鸡市：陇县、太白县。

汉中市：宁强县、略阳县、镇巴县、留坝县、佛坪县。

榆林市：榆阳区、神木市、府谷县、横山县、靖边县、绥德县、吴堡县、清涧县、子洲县。

安康市：汉阴县、石泉县、宁陕县、紫阳县、岚皋县、平利县、镇坪县、白河县。

商洛市：商州区、商南县、山阳县、镇安县、柞水县。

二类区（3个）

榆林市：定边县、米脂县、佳县。

六、云南省（120个）

一类区（36个）

昆明市：东川区、晋宁区、富民县、宜良县、嵩明县、石林彝族自治县。

曲靖市：麒麟区、宣威市、沾益区、陆良县。

玉溪市：江川区、澄江市、通海县、华宁县、易门县。

保山市：隆阳区、昌宁县。

昭通市：水富市。

普洱市：思茅区、宁洱哈尼族彝族自治县、景谷彝族傣族自治县。

临沧市：临翔区、云县。

大理白族自治州：永平县。

楚雄彝族自治州：楚雄市、南华县、姚安县、永仁县、元谋县、武定县、禄丰县。

红河哈尼族彝族自治州：蒙自市、开远市、建水县、弥勒市。

文山壮族苗族自治州：文山县。

二类区（59个）

昆明市：禄劝彝族苗族自治县、寻甸回族自治县。

曲靖市：马龙县、罗平县、师宗县、会泽县。

玉溪市：峨山彝族自治县、新平彝族傣族自治县、元江哈尼族彝族傣族自治县。

保山市：施甸县、腾冲市、龙陵县。

昭通市：昭阳区、绥江县、威信县。

丽江市：古城区、永胜县、华坪县。

普洱市：墨江哈尼族自治县、景东彝族自治县、镇沅彝族哈尼族拉祜族自治县、江城哈尼族彝族自治县、澜沧拉祜族自治县。

临沧市：凤庆县、永德县。

德宏傣族景颇族自治州：芒市、瑞丽市、梁河县、盈江县、陇川县。

大理白族自治州：祥云县、宾川县、弥渡县、云龙县、洱源县、剑川县、鹤庆县、漾濞彝族自治县、南涧彝族自治县、巍山彝族回族自治县。

楚雄彝族自治州：双柏县、牟定县、大姚县。

红河哈尼族彝族自治州：绿春县、石屏县、泸西县、金平苗族瑶族傣族自治县、河口瑶族自治县、屏边苗族自治县。

文山壮族苗族自治州：砚山县、西畴县、麻栗坡县、马关县、丘北县、广南县、富宁县。

西双版纳傣族自治州：景洪市、勐海县、勐腊县。

三类区（20个）

曲靖市：富源县。

昭通市：鲁甸县、盐津县、大关县、永善县、镇雄县、彝良县。

丽江市：玉龙纳西族自治县、宁蒗彝族自治县。

普洱市：孟连傣族拉祜族佤族自治县、西盟佤族自治县。

临沧市：镇康县、双江拉祜族佤族布朗族傣族自治县、耿马傣族佤族自治县、沧源佤族自治县。

怒江傈僳族自治州：泸水市、福贡县、兰坪白族普米族自治县。

红河哈尼族彝族自治州：元阳县、红河县。

四类区（3个）

昭通市：巧家县。

怒江傈僳族自治州：贡山独龙族怒族自治县。

迪庆藏族自治州：维西傈僳族自治县。

五类区（1个）

迪庆藏族自治州：香格里拉市。

六类区（1个）

迪庆藏族自治州：德钦县。

七、贵州省（77个）

一类区（34个）

贵阳市：清镇市、开阳县、修文县、息烽县。

六盘水市：六枝特区。

遵义市：赤水市、播州区、绥阳县、凤冈县、湄潭县、余庆县、习水县。

安顺市：西秀区、平坝区、普定县。

毕节市：金沙县。

铜仁市：江口县、石阡县、思南县、松桃苗族自治县。

黔东南苗族侗族自治州：凯里市、黄平县、施秉县、三穗县、镇远县、岑巩县、锦屏县、麻江县。

黔南布依族苗族自治州：都匀市、贵定县、瓮安县、独山县、龙里县。

黔西南布依族苗族自治州：兴义市。

二类区（36个）

六盘水市：钟山区、盘州市。

遵义市：仁怀市、桐梓县、正安县、道真仡佬族苗族自治县、务川仡佬族苗族自治县。

安顺市：关岭布依族苗族自治县、镇宁布依族苗族自治县、紫云苗族布依族自治县。

毕节市：七星关区、大方县、黔西区。

铜仁市：德江县、印江土家族苗族自治县、沿河土家族自治县、万山特区。

黔东南苗族侗族自治州：天柱县、剑河县、台江县、黎平县、榕江县、从江县、雷山县、丹寨县。

黔南布依族苗族自治州：荔波县、平塘县、罗甸县、长顺县、惠水县、三都水族自治县。

黔西南布依族苗族自治州：兴仁县、贞丰县、望谟县、册亨县、安龙县。

三类区（7个）

六盘水市：水城区。

毕节市：织金县、纳雍县、赫章县、威宁彝族回族苗族自治县。

黔西南布依族苗族自治州：普安县、晴隆县。

八、四川省（77个）

一类区（24个）
广元市：朝天区、旺苍县、青川县。
泸州市：叙永县、古蔺县。
宜宾市：筠连县、珙县、兴文县、屏山县。
攀枝花市：东区、西区、仁和区、米易县。
巴中市：通江县、南江县。
达州市：万源市、宣汉县。
雅安市：荥经县、石棉县、天全县。
凉山彝族自治州：西昌市、德昌县、会理县、会东县。
二类区（13个）
绵阳市：北川羌族自治县、平武县。
雅安市：汉源县、芦山县、宝兴县。
阿坝藏族羌族自治州：汶川县、理县、茂县。
凉山彝族自治州：宁南县、普格县、喜德县、冕宁县、越西县。
三类区（9个）
乐山市：金口河区、峨边彝族自治县、马边彝族自治县。
攀枝花市：盐边县。
阿坝藏族羌族自治州：九寨沟县。
甘孜藏族自治州：泸定县。
凉山彝族自治州：盐源县、甘洛县、雷波县。
四类区（20个）
阿坝藏族羌族自治州：马尔康市、松潘县、金川县、小金县、黑水县。
甘孜藏族自治州：康定县、丹巴县、九龙县、道孚县、炉霍县、新龙县、德格县、白玉县、巴塘县、乡城县。

凉山彝族自治州：布拖县、金阳县、昭觉县、美姑县、木里藏族自治县。

五类区（8个）

阿坝藏族羌族自治州：壤塘县、阿坝县、若尔盖县、红原县。

甘孜藏族自治州：雅江县、甘孜县、稻城县、得荣县。

六类区（3个）

甘孜藏族自治州：石渠县、色达县、理塘县。

九、重庆市（11个）

一类区（4个）

黔江区、武隆区、巫山县、云阳县。

二类区（7个）

城口县、巫溪县、奉节县、石柱土家族自治县、彭水苗族土家族自治县、酉阳土家族苗族自治县、秀山土家族苗族自治县。

十、海南省（7个）

一类区（7个）

五指山市、昌江黎族自治县、白沙黎族自治县、琼中黎族苗族自治县、陵水黎族自治县、保亭黎族苗族自治县、乐东黎族自治县。

十一、广西壮族自治区（58个）

一类区（36个）

南宁市：横州市、上林县、隆安县、马山县。

桂林市：全州县、灌阳县、资源县、平乐县、恭城瑶族自治县。

柳州市：柳城县、鹿寨县、融安县。

梧州市：蒙山县。

防城港市：上思县。

崇左市：江州区、扶绥县、天等县。

百色市：右江区、田阳区、田东县、平果市、德保县、田林县。

河池市：金城江区、宜州区、南丹县、天峨县、罗城仫佬族自治县、环江毛南族自治县。

来宾市：兴宾区、象州县、武宣县、忻城县。

贺州市：昭平县、钟山县、富川瑶族自治县。

二类区（22个）

桂林市：龙胜各族自治县。

柳州市：三江侗族自治县、融水苗族自治县。

防城港市：港口区、防城区、东兴市。

崇左市：凭祥市、大新县、宁明县、龙州县。

百色市：靖西县、那坡县、凌云县、乐业县、西林县、隆林各族自治县。

河池市：凤山县、东兰县、巴马瑶族自治县、都安瑶族自治县、大化瑶族自治县。

来宾市：金秀瑶族自治县。

十二、湖南省（14个）

一类区（6个）

张家界市：桑植县。

永州市：江华瑶族自治县。

邵阳市：城步苗族自治县。

怀化市：麻阳苗族自治县、新晃侗族自治县、通道侗族自治县。

二类区（8个）

湘西土家族苗族自治州：吉首市、泸溪县、凤凰县、花垣县、保靖县、古丈县、永顺县、龙山县。

十三、湖北省（18个）

一类区（10个）

十堰市：郧县、竹山县、房县、郧西县、竹溪县。

宜昌市：兴山县、秭归县、长阳土家族自治县、五峰土家族自治县。

神农架林区。

二类区（8个）

恩施土家族苗族自治州：恩施市、利川市、建始县、巴东县、宣恩县、咸丰县、来凤县、鹤峰县。

十四、黑龙江省（98个）

一类区（32个）

哈尔滨市：尚志市、五常市、依兰县、方正县、宾县、巴彦县、木兰县、通河县、延寿县。

齐齐哈尔市：龙江县、依安县、富裕县。

大庆市：肇州县、肇源县、林甸县。

伊春市：铁力市。

佳木斯市：富锦市、桦南县、桦川县、汤原县。

双鸭山市：友谊县。

七台河市：勃利县。

牡丹江市：海林市、宁安市、林口县。

绥化市：北林区、安达市、海伦市、望奎县、青冈县、庆安县、绥棱县。

二类区（60个）

齐齐哈尔市：建华区、龙沙区、铁锋区、昂昂溪区、富拉尔基区、碾子山区、梅里斯达斡尔族区、讷河市、甘南县、克山县、克东县、拜泉县。

黑河市：爱辉区、北安市、五大连池市、嫩江市。

大庆市：杜尔伯特蒙古族自治县。

伊春市：伊春区、友好区、金林区、乌翠区、丰林县、南岔县、汤旺县、大箐山县、嘉荫县。

鹤岗市：兴山区、向阳区、工农区、南山区、兴安区、东山区、萝北县、绥滨县。

佳木斯市：同江市、抚远市。

双鸭山市：尖山区、岭东区、四方台区、宝山区、集贤县、宝清县、饶河县。

七台河市：桃山区、新兴区、茄子河区。

鸡西市：鸡冠区、恒山区、滴道区、梨树区、城子河区、麻山区、虎林市、密山市、鸡东县。

牡丹江市：穆棱市、绥芬河市、东宁市。

绥化市：兰西县、明水县。

三类区（6个）

黑河市：逊克县、孙吴县。

大兴安岭地区：呼玛县、塔河县、漠河市、加格达奇区。

十五、吉林省（25个）

一类区（14个）

长春市：榆树市。

白城市：大安市、镇赉县、通榆县。

松原市：长岭县、乾安县。

吉林市：舒兰市。

四平市：伊通满族自治县。

辽源市：东辽县。

通化市：集安市、柳河县。

白山市：浑江区、临江市、江源区。

二类区（11 个）

白山市：抚松县、靖宇县、长白朝鲜族自治县。

延边朝鲜族自治州：延吉市、图们市、敦化市、珲春市、龙井市、和龙市、汪清县、安图县。

十六、辽宁省（14 个）

一类区（14 个）

沈阳市：康平县。

朝阳市：北票市、凌源市、朝阳县、建平县、喀喇沁左翼蒙古族自治县。

阜新市：彰武县、阜新蒙古族自治县。

铁岭市：西丰县、昌图县。

抚顺市：新宾满族自治县。

丹东市：宽甸满族自治县。

锦州市：义县。

葫芦岛市：建昌县。

十七、内蒙古自治区（95 个）

一类区（23 个）

呼和浩特市：赛罕区、托克托县、土默特左旗。

包头市：石拐区、九原区、土默特右旗。

赤峰市：红山区、元宝山区、松山区、宁城县、巴林右旗、敖汉旗。

通辽市：科尔沁区、开鲁县、科尔沁左翼后旗。

鄂尔多斯市：东胜区、达拉特旗。

乌兰察布市：集宁区、丰镇市。

巴彦淖尔市：临河区、五原县、磴口县。

兴安盟：乌兰浩特市。

二类区（39个）

呼和浩特市：武川县、和林格尔县、清水河县。

包头市：白云矿区、固阳县。

乌海市：海勃湾区、海南区、乌达区。

赤峰市：林西县、阿鲁科尔沁旗、巴林左旗、克什克腾旗、翁牛特旗、喀喇沁旗。

通辽市：库伦旗、奈曼旗、扎鲁特旗、科尔沁左翼中旗。

呼伦贝尔市：海拉尔区、满洲里市、扎兰屯市、阿荣旗。

鄂尔多斯市：准格尔旗、鄂托克旗、杭锦旗、乌审旗、伊金霍洛旗。

乌兰察布市：卓资县、兴和县、凉城县、察哈尔右翼前旗。

巴彦淖尔市：乌拉特前旗、杭锦后旗。

兴安盟：突泉县、科尔沁右翼前旗、科尔沁右翼中旗、扎赉特旗。

锡林郭勒盟：锡林浩特市、二连浩特市。

三类区（24个）

包头市：达尔罕茂明安联合旗。

通辽市：霍林郭勒市。

呼伦贝尔市：牙克石市、额尔古纳市、新巴尔虎右旗、新巴尔虎左旗、陈巴尔虎旗、鄂伦春自治旗、鄂温克族自治旗、莫力达瓦达斡尔族自治旗。

鄂尔多斯市：鄂托克前旗。

乌兰察布市：化德县、商都县、察哈尔右翼中旗、察哈尔右翼后旗。

巴彦淖尔市：乌拉特中旗。

兴安盟：阿尔山市。

锡林郭勒盟：多伦县、东乌珠穆沁旗、西乌珠穆沁旗、太仆寺旗、镶黄旗、正镶白旗、正蓝旗。

四类区（9个）

呼伦贝尔市：根河市。

乌兰察布市：四子王旗。

巴彦淖尔市：乌拉特后旗。

锡林郭勒盟：阿巴嘎旗、苏尼特左旗、苏尼特右旗。

阿拉善盟：阿拉善左旗、阿拉善右旗、额济纳旗。

十八、山西省（44个）

一类区（41个）

太原市：娄烦县。

大同市：阳高县、灵丘县、浑源县、大同县。

朔州市：平鲁区。

长治市：平顺县、壶关县、武乡县、沁县。

晋城市：陵川县。

忻州市：五台县、代县、繁峙县、宁武县、静乐县、神池县、五寨县、岢岚县、河曲县、保德县、偏关县。

晋中市：榆社县、左权县、和顺县。

临汾市：古县、安泽县、浮山县、吉县、大宁县、永和县、隰县、汾西县。

吕梁市：中阳县、兴县、临县、方山县、柳林县、岚县、交口县、石楼县。

二类区（3个）

大同市：天镇县、广灵县。

朔州市：右玉县。

十九、河北省（28个）

一类区（21个）

石家庄市：灵寿县、赞皇县、平山县。

张家口市：宣化区、蔚县、阳原县、怀安县、万全区、怀来县、涿鹿县、赤城县。

承德市：承德县、兴隆县、平泉市、滦平县、隆化县、宽城满族自治县。

秦皇岛市：青龙满族自治县。

保定市：涞源县、涞水县、阜平县。

二类区（4个）

张家口市：张北县、崇礼区。

承德市：丰宁满族自治县、围场满族蒙古族自治县。

三类区（3个）

张家口市：康保县、沽源县、尚义县。

附录 2

西藏自治区特殊津贴地区类别

拉萨市

二类区

拉萨市城关区及所属办事处，达孜区，尼木县县驻地、尚日区、吞区、尼木区，曲水县，墨竹工卡县（不含门巴区和直孔区），堆龙德庆区。

三类区

林周县，尼木县安岗区、帕古区、麻江区，当雄县（不含纳木措区），墨竹工卡县门巴、直孔区。

四类区

当雄县纳木措区。

昌都市

二类区

卡若区（原昌都县，不含妥坝区、拉多区、面达区），芒康县（不含戈波区），贡觉县县驻地、波洛区、香具区、哈加区，八宿县（不含邦达区、同卡区、夏雅区），左贡县（不含川妥区、美玉区），边坝县（不含恩来格区），洛隆县（不含腊久区），江达县（不含德登区、青泥洞区、字嘎区、邓柯区、生达区），类乌齐县县驻地、桑多区、尚卡区、甲桑卡区、丁青县（不含嘎塔区），察雅县（不含括热区、宗沙区）。

三类区

卡若区（原昌都县，含妥坝区、拉多区、面达区），芒康县戈波区，贡觉县则巴区、拉妥区、木协区、罗麦区、雄松区，八宿县邦达区、同卡区、夏雅区，左贡县田妥区、美玉区，边坝县恩来格区，洛隆县腊久区，江达县德登区、青泥洞区、字嘎区、邓柯区、生达区，类乌齐县长毛岭区、卡玛多（巴夏）区、类乌齐区，察雅县括热区、宗沙。

四类区

丁青县嘎塔区。

山南市

二类区

乃东区，琼结县（不含加麻区），措美县当巴区、乃西区，加查县，贡嘎县（不含东拉区），洛扎县（不含色区和蒙达区），曲松县（不含贡康沙区、邛多江区），桑日县（不含真纠区），扎囊县，错那市勒布区、觉拉区，隆子县县驻地、加玉区、三安曲林区、新巴区，浪卡子县卡拉区。

三类区

琼结县加麻区，措美县县驻地、当许区，洛扎县色区、蒙达区，曲松县贡康沙区、邛多江区，桑日县真纠区，错那市驻地、洞嘎区、错那，隆子县甘当区、扎日区、俗坡下区、雪萨区，浪卡子县（不含卡拉、张达、林区）。

四类区

措美县哲古区，贡嘎县东拉区，隆子县雪萨乡，浪卡子县张达区、林区。

日喀则市

二类区

日喀则市，萨迦县孜松区、吉定区，江孜县卡麦区、重孜区，拉孜县拉孜区、扎西岗区、彭错林区，定日县卡选区、绒辖